KB263914

화내지 않고 혼내지 않고

우리 아이 나쁜 버릇 고치기
5·3·3의 기적

화내지 않고 혼내지 않고

우리 아이 나쁜 버릇 고치기
5·3·3의 기적

장성욱 지음

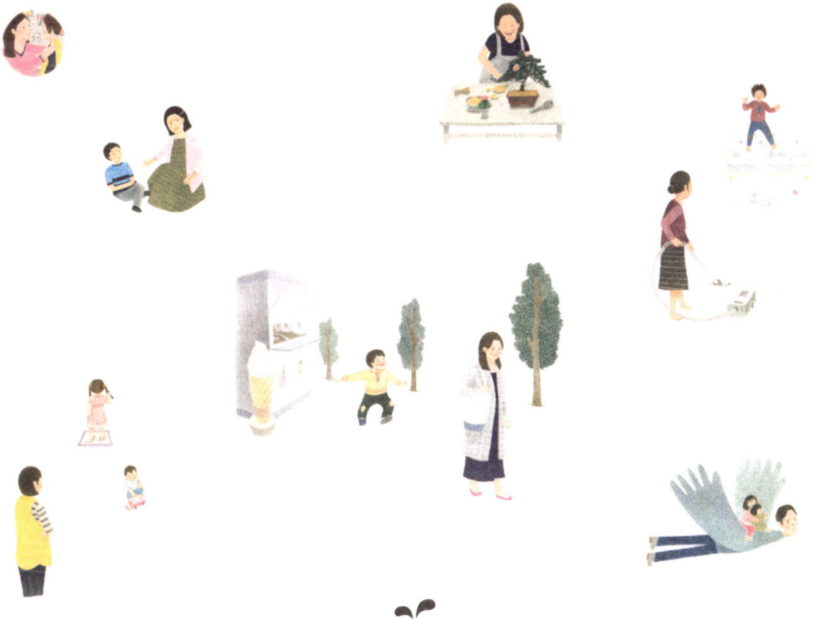

도서출판 행복에너지

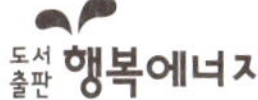

"완전한 부모는 없습니다.
다만 노력하는 부모가 있을 뿐입니다."

하고 싶은 말이 너무 많은가 봅니다.

서로 먼저 나오려다 자기네들끼리 엉켜서 풀리지 못하는 실타래처럼 무엇부터 써야 할지 모르겠습니다.

한때 나도 좋은 부모라고 자부했던 적이 있었습니다.

분재를 가꾸듯이 아이를 내 마음대로 내가 원하는 대로 만들어 가고 있음을 깨달은 순간부터 나의 아픔들이 시작되었습니다.

두 아이를 키우면서 수없이 많은 시행착오들이 있었고, 가슴을 치는 후회와 죄책감으로 잠 못 이룬 밤들도 많았습니다.

알면서도 실천하지 못하는 나 자신에 대해 깊은 실망과 좌절도 경험했습니다.

살아오면서 가장 어려운 일이 엄마로 사는 일이 아니었나 싶습니다. 어쩌면 내 삶에서 가장 준비되지 않은 상태로 맞이한 일이 엄마가 되는 것이어서 그랬는지도 모르겠습니다.

긴 시간이 흐르고 저만치 괴로움의 끝자락이 보일 즈음에야 자녀를 양육한다는 것은 부모도 함께 성장하는 것임을 알았습니다.

정말 그랬습니다.

아이와 함께 성장통을 겪어 가면서 좌충우돌 우왕좌왕하는 사이에 아이는 이미 훌쩍 커서 나의 영향력이 미치지 않는 자리에 가 있었습니다.

이 책은 젊은 부모들의 우왕좌왕, 좌충우돌 육아를 줄여 주고 싶어서 쓴 책입니다.

내 아이가 어른이 되어서도 행복한 삶을 살게 하려면 어릴 때 부모가 반드시 해 주어야 하는 것들에 대해 썼습니다. 저자로서라기보다는, 부모로 먼저 살아온 선배로서 꼭 권하고 싶은 책입니다.

세상 어디에도 완전한 부모는 없습니다. 다만 노력하는 부모가 있을 뿐이지요. 이 책은 노력하고자 하는, 그리고 노력하는 부모에게 좋은 길잡이가 될 것입니다. 진심으로 마음 깊숙이 도움이 되었으면 좋겠습니다.

고마운 분들이 많이 생각납니다.

나의 강의를 듣고 눈물 흘리며 각오를 다지던 많은 부모님들께 감사드립니다. 그분들의 눈물이 용기가 되어 작은 결실을 맺게 되었습니다.

평생 나의 든든한 멘토, 나의 영원한 사랑 남편 이희원 씨, 부족한 엄마를 견디어 내느라 너무나 애쓴, 나의 찬란한 보물들 일규와 지수에게 사랑과 고마움을 전합니다.

연약한 나에게 외치는 자의 사명을 허락하시고, 잘 감당하게 이끌어 주신 나의 주 하나님께 감사드립니다.

당신에게 어린 자녀가 있음을 축복하며…

장 성욱

"우리 엄마
잔소리가 사라졌어요"

"나도 모르게
엄마아빠 말을 잘 듣게 되었어요"

6장 질문 있어요

"그만 뛰어다녀. 아랫집 아저씨 올라온다."

아이들의 뛰는 소리와 고함소리에 엄마의 짜증스런 잔
소리는 묻혀 버립니다.

"너네들, 엄마가 뛰지 말라고 했다~ 각자 방에 들어가."

엄마의 목소리가 날카로워지기 시작합니다. 그러나 아
이들은 여전히 킥킥거리며 쿵쾅거립니다.

"야! 엄마 말이 말 같지 않아? 응? 너희들 이리 와~ 이리 오라고~"

드디어 엄마의 얼굴이 일그러지고 목소리는 천장을 뚫고 나갑니다. 그리고는…

"아야! 아앙~"

결국 엄마의 손이 아이의 어딘가를 철썩… 그리고 울음소리….

"꼭 맞아야 정신 차리지? 응? 네 방에 들어가!"

혹시 이 이야기가 여러분의 일상의 모습은 아닌가요?

말 안 듣는 아이, 떼쓰는 아이, 하지 말라는 것만 골라서 하는 아이, "싫어"가 입에 붙어 있는 아이… 고함쟁이 나, 짜증쟁이 나, 결국 회초리까지 들고 마는 나, 자책하는 나, 그런 내가 너무 싫은, 그래서 후회하는 나….

부모로서 산다는 것!
눈물이 날 만큼 감동과 행복에 겨울 때도 있지만 혹시

버겁고 힘들고 그래서 지쳐있지는 않나요? 세상에 갓 나온 아이를 처음 안았을 때 느꼈던 벅찬 감동은 빛바랜 사진처럼 흐려지고, 짜증이나 큰소리 없이 그저 하루가 무사하게 지나가기만을 바라는 부모로 전락하지는 않았나요?

상담자가 되기로 결심하고 이 길에 들어선 지 꽤 많은 시간이 흘렀습니다. 그동안 수많은 상담과 강의를 하고 많은 부모들과 아이들을 만났습니다. 그들을 만날 때마다 나름대로 어려움과 상처를 안고 있음을 가슴으로 느끼게 되었습니다.

부모는 부모대로 많은 것들을 포기하고 아이들에게 시간과 열정과 물질을 쏟으며 최선을 다했는데도 아이들은 내 마음처럼 자라 주지 않아서 속상합니다. 아이들은 아이들대로 엄마 아빠에 대해 이것저것 불만투성이입니다.

그래서 훗날 서로 후회하며 죄책감을 가지고 있으면서도 한편으로는 싫어하고 원망하고…. 이런 슬픈 인연이 어디에 있을까 느껴진 적도 많았습니다.

세상이 복잡다단해지면서 부모뿐만 아니라 아이들도 정신적 역경의 시대를 살고 있습니다. 그러다 보니 평범한 아이들인데도 불구하고 심리장애 진단을 받은 아이들과 비슷한 증상들을 보이는 경우가 늘어나고 있습니다.

ADHD 아동이 아닌데도 산만하고 충동성이 강하며 유치원이나 학교에서 수업을 방해하는 아이, 반항장애 아동이 아닌데도 매사에 하라는 일은 하지 않고 하지 말라는 일만 골라서 하며 부정적인 태도를 보이는 아이, 감정조절장애는 아니라고 하는데 작은 일에도 분노가 폭발하여 크고 작은 사고를 치고 다니는 아이, 툭하면 친구들을 때리는 공격적이고 폭력적인 아이….

이처럼 사회와 가정에서 받는 부정적인 영향들로 인해 많은 어린 아이들이 문제적 행동을 보이고 있습니다. 공동체의 규칙이나 타인에 대한 배려보다는 자신의 욕구와 필요를 우선하는 이기적인 성향도 강해지고 있습니다. 이럴 때일수록 부모들은 정신을 바짝 차리고 내 아이를 타인들과 조화롭게 살 수 있도록 건강하게 양육해야 합니다.

이를 위한 발판은 아주 어려서부터 부모가 마련해 주어야 합니다. 가정 안에서 부모가 정해 놓은 작은 규칙들에 잘 순응하는 아이가 유치원이나 학교에 갔을 때에도 규칙과 질서를 잘 지킵니다. 선생님의 말씀도 잘 듣고 친구들과도 우호적인 관계를 만들어 갑니다. "세 살 버릇 여든 간다."라는 말처럼 이런 아이는 어른이 되어서도 조직이나 사회 안에서 조화로운 삶을 영위하며 성공적이고 행복한 삶을 살아갈 수 있습니다.

막무가내로 떼쓰는 것이 주특기인 아이, 한번 고집부리면 얻어맞고 울어야 끝나는 아이, 울면서도 끝까지 고집을 부리는 악착같은 아이, 자신이 원하는 것을 얻어낼 때까지 부모를 괴롭히는 아이, 하지 말라는 것만 골라서 하고 부모의 반응을 보는 아이, 손님만 오면 버릇이 없어지는 아이, 밖에서는 순한데 집에만 들어오면 제왕으로 군림하는 아이, 순순히 응하는 일보다 반항하는 일이 더 많은 아이, 공격적인 성향이 강한 아이, 너무 의기소침해서 혼내어야 하는데도 혼을 못 내고 있는 아이…. 이 책은 이렇게 버릇이 잘못 들어 있는 아이를 가진 부모, 고치려다 고치려다

지쳐서 더 이상 어쩔 수 없다고 생각하게 된 부모, '저러다 크면 괜찮아지겠지'라면서 합리화하며 체념한 부모…. 그런 부모와 자녀들을 돕기 위해 쓰였습니다.

박사과정에서 우연히 만난 PCIT이론은 이 책의 근간이 되었습니다.

PCIT^{Parent-Child Interaction Therapy}는 부모-자녀상호작용치료라는 이론으로, 쉴라 아이버그 박사가 개발한 이후 수십 년 동안 이미 그 효과가 검증되었고 전 세계에서 사용되고 있습니다. PCIT는 "5분특별놀이"와 "타임아웃"이라는 두 개의 큰 틀을 가지고서 ADHD, 반항장애, 분노조절장애 등의 진단을 받은 아이들과 그 부모들을 도와주는 이론입니다. 일상생활에서 부모를 화나게 하고, 유치원이나 학교에서 파괴적이고 부적절한 행동을 일삼는 아이들이 적응을 잘하도록 돕고 사회생활도 순조롭게 해낼 수 있도록 도와주는 데 탁월한 효과를 발휘하였습니다.

한국과 미국을 오가며 PCIT를 공부하고 실습하면서, 앞에서 말했듯이 병으로 진단을 받진 않았으나 비슷한 증상이나 성향을 가진 보통 아이들에게도 이 이론을 적용하면 좋겠다는 생각을 하였습니다. 상담실을 찾지 않고도 부모들이 조금만 노력하면 건강한 아이들로 키울 수 있는 방법을 알려 드리고 싶었습니다.

그런 아쉬운 마음이 동기가 되어서 일반부모들도 쉽게 시행할 수 있도록 PCIT를 중심으로 그 외 행동주의 심리학에 근거한 육아법, 공감양육법 등 검증된 이론들을 절충, 조합하여 새롭게 재구성하였습니다. 워킹맘이 증가하면서 주 양육자가 되어 버린 할아버지, 할머니도 쉽게 배우고 시행할 수 있도록 필자의 임상경험을 토대로 절차들을 간소화시키기도 했습니다. 또 미국과 한국의 문화적 차이와 가치관의 차이를 감안하여 한국의 육아 상황에 맞추려고 노력했습니다.

이렇게 만들어진 책이 바로 『우리 아이 나쁜 버릇 고치기 5·3·3의 기적』입니다. 오랫동안 부모와 아이들을 상담하고 또 학교나 유치원 등 다양한 곳에서 『우리 아이 나쁜 버릇 고치기 5·3·3의 기적』을 강의한 결과, 많은 부모님들이 자신의 자녀가 긍정적으로 변했다는 피드백과 함께 더 많은 사람들에게 알려주었으면 좋겠다는 바람을 보내 왔습니다.

이 책의 내용들을 하나하나 배운 대로 실천하다 보면 얼마 지나지 않아 집 안에서 아이를 향한 부모의 잔소리와 짜증과 고함 소리, 아이들의 말대꾸와 울음소리, 생떼 쓰기가 점차 사라질 것입니다. 대신 평온함과 여유로움, 화를 내지 않고도 아이들과 함께 오랜 시간을 보낼 수 있는 뿌듯함을 느끼게 될 것입니다.

이 책을 통해서 부모와 아이 모두 다 만족과 행복을 얻는 윈-윈Win-Win의 관계가 이루어지길 소망합니다.

우리 아이
나쁜 버릇 고치기
5·3·3의 기적

1장

혼내지 않고
잔소리하지 않고
우리 아이 나쁜 버릇
고칠 수 없을까?

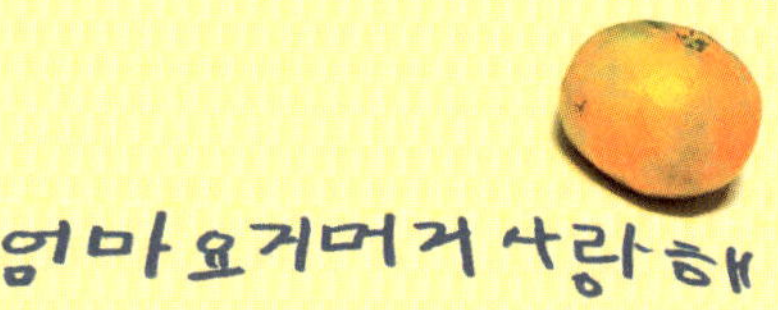

아이는
사랑받기 위해 존재합니다.

내가 먼저
아이 편이 되어 주자

지금 어떤 상황일까요? 가장 먼저 떠오른 생각을 간단하게 적어 보세요.

"엄마가 야단을 치고 있다." "엄마가 잔소리하고 있다." "엄마가 짜증 내고 있다."라는 식으로 "엄마가 ~~하고 있다"고 생각한 부모들도 있을 테고, '아이가 엄마에게 혼나고 있다.' "아이가 울먹이고 있다." "아이가 억울해하고 있다."라는 식으로 '아이가 ~~하고 있다'고 생각한 분들도 있을 것입니다.

'엄마가 ~~하고 있다'는 생각이 먼저 든 분들은 자녀 양육에 있어서 '부모 중심의 양육'을 하는 경향이 있습니다. 아이들과의 관계에 있어서 '나' 중심으로 반응한다는 의미입니다. 즉, 아이의 입장이나 감정 등을 생각하기 전에 부모가 생각하는 것, 느끼는 것 위주로 상황을 보고 해석하고 해결하려 한다는 것이지요. 이런 부모들이 예상보다 많습니다. 제가 강의를 가서 이 질문을 하면 열에 아홉은 "엄마가~~"라고 대답합니다.

엄마가 오랜만에 마음에 드는 식탁보를 하나 장만했습니다. 그것을 깔아 놓고 이웃집 엄마와 함께 여유로운 커피 타임을 즐기고 있습니다. 이때 5살 난 연우가 갑자기 방문을 열고 엄마를 향해 뛰어나옵니다.

“엄마~”
“어? 연우, 뛰지 말라고 했지?”
“어, 어~”
“꽝~”

여러분들 머릿속으로 상황이 그려지지요? 흔히 있는 일이니까요. 식탁 위의 커피가 엎질러지고 새 식탁보에는 커피 얼룩이… 잠깐 정적이 흐릅니다.

이런 상황에서 여러분들은 뭐라고 말할 건가요? 보아하니 크게 다치지 않은 것 같다 싶으면 바로 습관처럼 나오는 말들이 있지요.

“그러게 왜 뛰어다녀? 뛰지 말라고 몇 번이나 말했어?”
“조심해야지. 어쩜 맨날 그러니.”
“그럴 줄 알았다. 오늘 어쩐지 그냥 지나간다 싶더라~ 결국은 일을 내고 말지.”

강의실에서 만난 어떤 아버지는 "야. 눈 뒀다 뭣해, 눈은 폼으로 달고 다녀?"라고 말한다고도 합니다.

이때 아이는 어떤 마음이 들까요? 아이의 기질에 따라 다르기는 하겠지만, 대부분의 경우 엄마한테 혼나서 무섭기도 하고, 예측 못 한 일을 당해 놀라기도 하고, 부딪혀서 아픈데 엄마는 거들떠보지도 않고 핀잔이나 주니 서럽기도 하고, 이웃집 아줌마 앞에서 혼나니 민망하고 창피하기도 할 거예요.

그런 마음이 들 때 아이가 엄마는 내 편이라는 생각이 들까요?

입장을 바꿔서 엄마가 아이의 위치로 가서 그 마음을 느껴 봅시다. 걸레를 짜고 있는데 전화가 와서 받으러 갔어요. 물론 걸레는 짜다 만 상태이지요. 남편이 지나가다가 발로 툭 차면서 "걸레를 짜지도 않고 이렇게 해 놓고 가면 어떡해, 제대로 짜 놓고 가야지. 당신이 하는 일이 늘 그렇지 뭐."라고 버럭 화를 냅니다.

남편에게 이런 말을 들었다면 어떤 감정이 들까요? 그래요. 화가 나지요. 억울해요. 짜증나요. 서운해요.

아이들도 똑같습니다. 어린 아이도 부모처럼 다 느끼고 다 압니다. 다만 논리정연하게 자신의 생각이나 감정을 표현하지 못할 뿐이지요. 그렇습니다. 뛰어오다가 결국 일을 내고 만 아이의 행동을 나무라기 전에, 지금 아이가 힘들어하는 마음을 먼저 수용해 주어야 합니다. 상대방의 마음을 알아주고 다독거려 주는 것. 그게 한편이 된 사람의 마음입니다.

만약 위 상황에서, 엄마가 아이의 눈을 바라보며 "아이고 우리 아들 깜짝 놀랐지? 엄마한테 혼날까 봐 심장이 쿵쿵 뛰지?"라고 말하면서 아이의 등을 토닥거려 준다면, 아이는 자연스럽게 '엄마는 내 편, 내 사랑'이라고 느낄 겁니다. 그러고 나서 "엄마가 얌전히 걸어 다니라고 늘 말했잖아. 또 잊어버렸지."라고 말을 잇는다면, 아이는 앞으로 엄마의 말을 훨씬 더 잘 듣는 아이가 될 것입니다. 어쩌다 한두 번 이렇게 행동하는 것이 아니라, 기분이 좋을 때나 나쁠 때나 상관없이 일관성 있게 이러한 말과 행동을 반복할수록 아이의 부적절한 버릇이나 행동은 쉽고 빠르게 고쳐집니다.

아이들의 부적절한 버릇이나 행동을 고쳐 주는 방법은 생각보다 쉽습니다. 가장 먼저 아이와 한편이 되어야 합니다.

말 안 듣는 아이에게 아무리 "제자리에 앉아서 밥 먹어라. 밥 먹다가 왜 그렇게 돌아다니니? 한 번만 더 그러면 혼낸다."라고 잔소리와 협박을 반복해 봤자 성공적인 결과를 본 부모는 거의 없을 것입니다. 몇 년 전이나 지금이나 거의 동일한 주제로 잔소리와 협박을 반복하고 있지만 아이는 여전히 들은 척도 하지 않고 돌아다니면서 밥을 먹고 있지 않나요? 오히려 난무하는 잔소리에 면역이 생겨 부모 말을 귓등으로 듣고 있을 가능성이 높습니다. 아이들은 이미 오랜 경험에 따라 말로만 하는 협박이라는 것을 체득했기 때문이지요. 그렇다고 저러다 말겠거니 하면서 놔두면 더 말을 듣지 않는 아이가 될 것입니다. 어디 그뿐인가요? 아이와의 관계도 나빠집니다. 부모는 잔소리와 혼내기를 반복하다가 지쳐서 "아휴, 나도 모르겠다. 크면 좋아지겠지"라고 스스로 합리화하고 포기하게 됩니다. 그러면서 한편으로는 말 안 듣는 아이가 밉고 야속하기도 하고, 나를 무시하나 싶어서 우울해지고 화가 나기도 합니다.

이와는 달리, 만약 부모가 권위 있으면서도 따뜻하고 친근해서 아이와의 관계가 원만할 경우에는 "식탁 앞에 앉아서 밥 먹어라."라고 한두 마디만 해도 웬만하면 앉아서 밥을 먹습니다. 곧바로 식탁 앞으로 가지 않아도, "쪼금만 있다가 갈게~"라고 말합니다. 부모의 말을 무시하거나 거역하지 않고 기다려 달라고 요청하는 것입니다. 아이가 부모를 내 편으로 생각하고, "나는 엄마아빠가 좋아. 그래서 엄마아빠에게 잘 보이고 싶고 잘해 주고 싶어."라는 마음이 있기 때문입니다. 자신도 모르게 말을 잘 듣게 되는 것이지요. 매일 매 순간이 이런 관계로 이루어진다면 부모는 아이가 더 사랑스럽게 느껴지지 않을까요? 육아를 하는 마음이 얼마나 가볍고 기쁘겠습니까?

아이에게 상처를 주지 않고 부적절한 행동을 고쳐 주려
면 선행되어야 하는 두 가지가 있습니다.

첫째, 아이와 긍정적인 상호작용을 해야 합니다. 아이
의 정서를 잘 이해하고 감정과 행동에 적절하게 반응해 줄
수 있도록 부모가 먼저 훈련돼져야 한다는 말입니다. 정서
적 교류를 통해 아이가 부모에게서 사랑과 지지를 느끼고
부모를 신뢰할 수 있게 될 때 아이의 내면에서 부모에 대
한 자발적인 순종이 일어나게 됩니다. 그러기 위해서 가장
먼저 해야 할 일은 아이를 수용해 주는 것입니다. 사소한
감정 하나에도 민감하게 반응해야 합니다. 예를 들어 아
이가 짜증이 나 있다면 "우리 딸 짜증이 많이 났구나." 하
고 아이의 마음을 인정해 주고, 아이의 입장이 되어서 감
정을 공감해 주어야 합니다. 실수한 행동을 먼저 야단치기
전에 힘들어하는 감정 또는 창피해하는 감정부터 토닥여
줘야 합니다. 이 정도는 상식에 가까운 기본적인 지식이라
서 "이건 이미 알고 있는 건데…." 하는 실망스러운 마음
이 들었을지도 모르겠습니다. 하지만 알면서도 실천하지
않고 있다면 확실하게 알지 못한다는 의미입니다. 규칙을

지킨다거나 부모의 권위에 순종하는 행위들은 아이가 양육자로부터 느끼는 사랑과 신뢰에서부터 시작됩니다. 부모와의 긍정적인 상호작용은 아이로 하여금 올바른 가치관과 도덕성을 갖게 하는 기초입니다. 긍정적으로 상호작용한다는 것! 이것이 정확히 어떤 것인지 구체적이고 확실한 방법을 알아야 합니다. 우리는 곧 그 비밀의 무기들을 배우게 될 것입니다. 아이와 긍정적인 상호작용을 하는 기술을 배워서 매일 5분 동안 아이와 즐겁게 놀아 주기만 해도, '아이의 편에 서 주기'는 충분히 가능합니다.

둘째, **민주적인 부모가 되어야 합니다.** 민주적인 부모는 권위주의적인 부모와 반대되는 개념의 부모입니다. 권위주의적인 부모는 아이들의 생각이나 욕구를 무시하고 설명이나 의논 같은 절차 없이 군대 상사에게 복종하듯이 자신들의 말에 무조건적으로 따르기를 기대하고 요구합니다. 엄격하고 경직된 부모라고 할 수 있지요. 그러나 민주적인 부모는 자녀의 감정이나 욕구 등을 존중하면서 자신들의 생각과 의견을 합리적으로 조율하는 유연성을 가지고 있습니다. 아이들의 입장에서는 무조건적인 복종을 강요하는 것이 아니라 자신들의 의견이 수렴된 합당한 순종을 요구하니 부모의 말에 순종하는 것이 그리 힘든 일이 아닙니다. 자연스럽게 아이들은 부모의 권위를 인정하게 되고 결과적으로 효과적인 훈육이 이루어질 수밖에 없습니다.

아이는 "금 나와라 뚝딱"
요술방망이가 아니다

소리치지 않고! 혼내지 않고! 짜증내지 않고! 때리지 않고!
우리 아이의 나쁜 행동이나 버릇을 고치고 가정, 유치원, 학교, 나아가 사회에서 규범을 잘 따르는 순응적이고 조화로운 사람으로 키우는 첫 발걸음을 시작해 봅시다.

우선 긍정적인 상호작용이 왜 중요한지 확실하게 알 필요가 있습니다.

인간은 출생 당시 1,000억 개 가량의 뇌세포를 가지고 있습니다. 이 뇌세포는 수많은 자극에 반응하면서 발달합니다. 1,000억 개라는 숫자가 너무 커서 상상이 잘 안 가지

요? 이렇게 많은 세포들이 그 작은 머릿속에 들어가 있다
는 게 참 신기합니다. 그런데 더 놀라운 건 이 뇌세포들이
제각각 1,000개의 또 다른 뇌세포와 지속적으로 연결되어
간다는 겁니다. 이 과정이 무척 중요합니다. 외부에서 주
어지는 자극과 그것에 어떻게 반응하느냐에 따라 그 양상
이 달라지기 때문입니다. 즉 뇌세포와 뇌세포 사이에 연결
회로를 만들고 또 만들어진 회로를 변경하는 과정은, 아이
들이 어떤 경험과 자극을 받는지에 따라 결정됩니다. 생애
초기에 경험하는 수많은 자극들이 뇌를 발달하게 하는 것
이지요. 태어나서 12개월이 될 때까지 아기들의 뇌는 태아
때와는 비교가 되지 않는 많은 양의 자극을 경험하며 폭발
적인 성장을 합니다. 그 이후에도 다양하고 새로운 경험을
하며 수도 없이 새로운 연결망이 만들어지고 또 바뀌어 가
게 됩니다. 이 시기에 아이들과 함께 보내는 시간이 가장
많은 사람이 누구일까요? 바로 부모, 주 양육자입니다. 그
러니 아이들의 성장과정에서 부모와의 상호작용이 얼마나
중요한지 짐작이 가지 않습니까?

부모(주 양육자)가 아이에게 어떻게 반응해 주는지에 따라,

아이의 뇌에 가해지는 자극이 달라지고, 연결 구조가 달라지며, 더 나아가서 어떤 사람으로 자랄지도 결정됩니다.

아이와 눈을 마주 보고 볼에 입을 맞추고 옹알이에 장단을 맞춰 주고 울면 안아 주고 배고프면 젖을 주고 제때에 기저귀를 갈아 주고… 이러한 사소해 보이는 행동들이 아이의 뇌에 좋은 자극을 주어 행복한 사람으로 자라나도록 도와줍니다. 이렇게 부모가 긍정적인 자극을 주고 적절한 반응을 많이 해 줄수록, 정서가 건강하게 발달한 아이, 주변의 사람들과 잘 어울리는 아이, 자기회복력이 뛰어난 아이, 머리가 좋은 아이로 자랍니다. 반면에 부정적인 자극을 많이 준다면 불안이 많은 아이, 남들과 잘 어울리지 못하는 아이, 적응력이 낮은 아이, 집중력이 약한 아이처럼 심리적 취약성이 많은 사람으로 자랄 가능성이 높아집니다.

여러분은 자녀를 어떤 사람으로 자라게 하고 싶습니까?

답이 뻔한 질문이라구요? 그렇습니다. 이 세상 어느 부모가 자신의 아이가 불행한 사람으로 살기를 원하겠습니까?

그러나 그런 부모의 마음과는 달리 현실에서는 반대의

결과가 발생하는 경우를 빈번히 만납니다.

아이는 초등학교에 입학하여 받아쓰기라는 시험을 처음 경험합니다. 받아쓰기가 있는 전날에 엄마가 공부할 내용을 돌봐 주지요. 내심 좋은 점수를 기대하고 있는데 아이가 예상 밖의 결과를 가지고 오면 엄마는 실망스러운 마음이 듭니다.

"어제 다 공부한 거잖아! 공부할 때 딴짓하더니 내 이럴 줄 알았어."라고 말한다면 아이는 기분이 어떨까요? 이미 마음이 언짢아 있었던 아이는 물론, 점수에 대해 별생각이 없었던 아이도, '내가 뭔가 대단한 잘못을 저질러서 엄마를 화나게 했구나.'라는 생각을 하게 됩니다. 비슷한 상황이 반복될수록 아이는 실망감과 좌절감을 가지게 되며 자신감이 없어지고 주눅이 듭니다. 엄마는 아이가 잘되기를 바라는 마음에서 의욕을 내도록 했던 말인데, 결과는 부정적으로 나타납니다.

부모는 내 아이가 착하고 똑똑하며 자신감과 자존감이

높은 사람으로 살아가기를 바랍니다. 그러려면 그런 결과가 나올 수 있도록 자극을 해 주어야 합니다. "콩 심은 데 콩 나고 팥 심은 데 팥 난다."는 말이 이 경우입니다. 자녀는 요술방망이가 아닙니다. 아무거나 먹어도 황금알을 낳는 거위는 동화 속에서나 있는 일이지 현실에서는 일어나기 힘듭니다. 특히 자녀 양육에 있어서는 기대하기 어려운 일입니다. 그럼에도 불구하고 생각보다 많은 부모들이 아이에게 무엇을 심고 있는지 모르면서 양육하고 있습니다.

부정적으로 반응하는 부모들의 마음 깊숙한 곳에는 그들의 부모들로부터 적절하게 양육되지 못한 아픈 상처가 존재하고 있습니다. 상담실에서 이런 이야기를 많이 듣습니다. "내 부모가 나에게 했던 게 너무 싫었는데, 내가 아이를 키우다 보니 그 모습을 그대로 닮아 가고 있는 것 같아서 마음이 힘듭니다."라고요.

좋은 자녀를 양육하려면 부모가 먼저 심리적으로 안정되고 건강해져야 합니다. 부모의 트라우마가 회복되지 않았다면 자신의 실패한 경험이나 이루지 못한 꿈을 무의식적으로 아이를 통해서 보상받고 싶어 합니다. 그런 행동은 자칫 아이를 망칠 수도 있습니다.

　다시 본 주제로 돌아가서, 이제 여러분은 부모와 자녀의 긍정적인 상호작용이, 특히 영유아기 때의 아이가 부모의 긍정적인 반응을 경험하는 일이 얼마나 중요한지 알게 되었으리라 믿습니다. 부모와 함께 건강한 상호작용을 많이 주고받은 아이일수록 구겨지거나 꼬인 부분 없이 유치원이나 학교에서 조화로운 관계를 맺어 갑니다.

　이제부터 우리는 아이와 함께 어떻게 그런 긍정적인 상호작용을 할 수 있는지 살펴보고자 합니다.

유아기에 제대로 훈육하면 평생 행복하게 살 수 있다

　자녀가 세상에 태어나면 모든 부모들은 천사가 지상에 내려왔다고 생각합니다. 어딘지 모르게 부모를 닮은 아이는 보면 볼수록 귀엽고 사랑스럽습니다. 하지만 아이가 울고불고 떼쓰고 말을 안 듣기 시작하면 그때부터 천사는 사라지고 대응 곤란, 처치 곤란의 골칫거리 악동만 보입니다. 세상에 태어난 지 몇 년 되지도 않은 아이가 어떻게 저렇게까지 머리를 쓰면서 부모를 힘들게 할 수 있는지 놀라울 정도라고 말하는 부모들도 여럿 만났습니다. 상담을 하는 나 자신도 그런 생각이 들 때가 많습니다. 만일 부모가 이런 느낌을 받기 시작한다면, 이제 아이에게 적절한 통제가 필요한 때가 왔음을 인지하고 제대로 된 훈육을 시작해야 합니다.

3~4살이 되면 아이는 부모가 하는 말이나 지시하는 내용을 거의 다 이해합니다. 자신의 의사도 나름대로 표현할 수 있습니다. 그러니 이때부터는 본격적인 훈육을 시작해도 됩니다.

먼저 가정에서 허용되는 것과 허용되지 않는 것이 있다는 것을 가르쳐야 합니다. 아이가 아무리 원하더라도 이번 한 번만 봐주는 일은 없어야 합니다. 안 되는 것은 못 하게 하고 해 주지 말아야 합니다. 잘못을 하면 바로 그 자리에서 단호하게 제지합니다. "어른을 공경하라.", "남의 물건을 훔치면 안 된다.", "폭력은 나쁜 것이다." 이처럼 사회에서 요구하고 권장하는 덕목들을 가정에서 가르쳐야 합니다. 그래야 앞으로 유치원, 학교, 사회에서 구성원으로 살면서 지켜야 할 기본 질서와 규칙들을 준수하며 다른 사람들과 더불어 살아갈 수 있습니다. 가정에서 부모가 잔소리하고 고치고자 하는 행동의 거의 대부분이 이런 덕목들과 연관되어 있습니다. 부모의 그런 요구에 잘 따르지 않는 아이들을 우리는 '말을 잘 듣지 않는 아이'라고 합니다. 그런 의미에서 '말을 잘 듣는 아이로 훈련시킨다'는 것은 자녀를 부모가 원하는 대로 행동하는 로봇처럼 키우는 것을 의미하지 않습니다. 부모가 자녀를 좀 더 수월하게 키우기 위한 방편으로만 생각해서도 안 됩니다. 훗날 훌륭한 사회인으로 건강하게 성장하기 위해서 꼭 필요한 것이 영유아기 때의 훈육입니다. 이 시기의 훈육에 따라 아이가 사회에서 적응을 얼마나 잘하는지가 달려 있다고 해도 과언이 아닙니다. 이 시기에 형성된 아동의 인격이나 성품은 뇌에 각인되다시피 저장되어 잘 바뀌지 않습니다.

부모가 아이들에게 훈육을 어떻게 하느냐는 이렇게 중요합니다. 부모의 선호에 따라, 부모 마음이 내키는 대로, 부모의 그때그때 감정대로 훈육하거나, 화를 내며 강압적으로 훈육하는 방법은 백발백중 실패합니다. 권위적인 부모는 부모의 말에 무조건적으로 복종하기를 강요하며 불복종하면 폭군처럼 화를 내거나 폭력을 행사하는 공포 분위기를 조성합니다. 이렇게 되면 훈육은커녕 아이의 마음에 상처만 남게 되고 그 상처가 억압된 분노로 쌓여 후에 부적응적인 사람으로 성장할 수 있습니다.

아이들이 이렇게 묻는다고 생각해 봅시다.

"왜 엄마 아빠 말을 잘 들어야 하나요?"
"꼭 부모의 말을 잘 듣는 아이가 되어야 하는 건가요?"

아주 중요한 질문입니다.

"내가 너에게 바라는 것은 '내 말에 무조건 복종해!'가 아니야. 사람과 사람 사이의 '관계'에 필요한 것들을 가르쳐 주려고 하는 거야. 그걸 잘 모르면 친구들도 너를 싫어하게 되고 유치원이나 학교의 생활도 엉망이 되어 버릴 수 있단다. 그러면 어딜 가나 재미가 없어지겠지. 어른이 되어서도 똑같아서 직장에서도 힘들어질 거구. 어쩌면 주변 사람들이 너를 불편하게 생각하게 될 거고 친구도 없어질 거야. 그러면 행복할까? 그렇게 살게 되지 않으려면 네가 지금처럼 어릴 때부터 아빠 엄마가 가르쳐 주는 걸 잘 따라야 되는 거야. 아빠 엄마가 네게 필요한 것을 사 주고 먹여 주고 놀러 가고 하는 것처럼 너를 가르치는 것은 꼭 해 주어야 하는 중요한 일이야."라고 답해 주면 어떨까요?

지금 말한 것이 초기 사회화 과정이라는 개념입니다. 이처럼 초기 사회화 과정은 가정에서 이루어지고 부모는 그 대상이 되기 때문에 부모의 훈육이 중요합니다. 아이는 자기중심적이고 유아적인 사고에서 벗어나 사람들과 함께 어울려 살려면 무엇을 해야 하고 무엇을 하지 말아야 하는지 가정에서부터 배워야 합니다. 초기 사회화 과정이 어떻게 형성되는가에 따라서 규칙을 잘 따라 쉽게 적응하는 아이가 되기도 하고 그렇지 못해 적응을 어려워하는 아이가 되기도 합니다.

초기 사회화 과정에서는 사람들과 친해질 수 있는 사회적 기술을 배웁니다. 즉 공감하고, 대화하고, 관계 맺는 방식들이 그것입니다. 가정에서 타인에 대해 배려하는 마음 없이 제멋대로 행동하게 내버려 둔다면 이러한 사회적 기술을 배울 적절한 기회를 놓치게 됩니다.

아이에게 행동의 제한을 두지 않고 "다 해도 돼." "네가 원하면 해."라고 해서는 안 됩니다. "네가 아무리 좋아하더라도 해서는 안 되는 것이 있어."를 알려 줘야 합니다. 허용되는 것과 안 되는 것을 일깨워 줘야 합니다.

다소 모순되게 들릴 수도 있지만 인간의 내면에는 자유에 대한 욕구와 통제에 대한 욕구가 공존합니다. 그래서 지나치게 통제를 하면 자유와 독립을 갈구하고 완전히 자유로워지거나 독립하면 불안함을 느낍니다. 아이들도 예외는 아닙니다. 야생의 동물처럼 방임적으로 양육된 아이는 보호받지 못하는 것 같다는 불안을 느낍니다. 안전한 울타리가 없는 느낌과 비슷하다고나 할까요? 반면 통제나 개입이 너무 지나쳐서 어려서부터 스스로 선택하고 결정하는 자기주도적인 삶을 살아 보지 못한 아이라면, 자유와 독립에 대한 갈구로 인해 분노로 마음이 꽉 찰 수도 있습니다. 그래서 부모가 아이들을 양육할 때 이 둘의 균형을 잘 잡는 것이 매우 중요합니다. 훈육에 있어서 지나친 통제나 개입은 건강하지 못한 것이지만, 적절한 통제는 필요합니다. 어린 아이일지라도 하나의 독립된 인격체로서 인정하며 그 경계선을 지키면서 적절한 때에 적절한 방법으로 통제를 해 주는 것이 지혜로운 훈육입니다.

이제까지 유아기의 훈육이 얼마나 중요한지 알아보았습니다. 아이들은 제자리에 머물러 있지 않습니다. 곧 자라서 이 중요한 시기를 지나가게 됩니다. 그동안 중요성을 잘 몰라서, 또는 말 안 듣는 아이와 씨름하다가 지쳐서 훈육을 포기한 부모님들이 있다면, 심기일전하여 더 늦기 전에 다시 시작해야 합니다. 훈육을 하는 데도 기술(방법)이 필요합니다. 검증된 기술들을 정확하게 배워서 제대로 실천해야 합니다. 완전한 부모는 없습니다. 단지 노력하는 부모, 최선을 다하는 부모가 있을 뿐입니다. 용기를 내서 시작하십시오. 이 책에서 말하는 〈5·3·3〉의 기적을 통해 그 비결을 알아보도록 합시다.

사랑이 표현되지 않은 훈육은 상처를 준다

새가 하늘을 잘 날기 위해서는 양쪽의 날개가 모두 잘 움직여 주어야 합니다. 어느 한쪽 날개를 더 많이 써야 할 때도 있고, 양쪽 날개를 같이 퍼덕여야 할 때도 있습니다. 어쨌든 정상적으로 움직이기 위해서는 두 날개의 균형을 잘 맞추는 것이 중요합니다. 자녀 양육에 있어서도 마찬가지입니다. 새의 두 날개처럼 '사랑과 훈육'의 균형을 잘 맞추어야 성공적인 육아를 할 수 있습니다.

사랑
용서

훈육도 넓은 의미에서 자녀를 사랑하는 것입니다. 그러나 실천하는 방식이 다르기 때문에 여기서는 구별하여 설명하겠습니다.

강조했듯이 훈육은 아이가 무엇이 옳고 그른지, 무엇은 해도 되고 무엇은 하면 안 되는지 등등 사회의 질서와 규칙을 부모가 가르치고 훈련시키는 행위를 의미합니다.

그렇다면 사랑은 무엇일까요? 아이에게 어떻게 해 주는 것이 사랑일까요? "사랑한다."고 입으로 자주 말해 주는 것일까요? 좋은 집에 비싼 장난감, 영양가 좋은 음식을 부족함 없이 다 해 주는 것일까요? 아니면 아이가 상처받지 않도록 요구하는 모든 것을 다 들어주고 항상 칭찬만 해 주는 것일까요?

부모들을 대상으로 강연이나 상담을 하면서 많은 부모들이 사랑을 표현하는 방법을 잘 모르고 있다는 것을 느낍니다.

사랑은 물질적인 것이 아닙니다. 아이의 있는 그대로의 모습을 인정하고 수용해 주는 것입니다.

아이가 부모가 원하고 좋아하는 모습을 보이면 사랑한

다고 예쁘다고 칭찬하고 귀여워해 주면서, 원하지 않거나 싫어하는 모습을 보일 때면 그런 반응을 해 주지 않는 부모들이 참 많습니다. 이는 바람직한 사랑이 아닙니다. 부모가 좋아하는 모습이든 좋아하지 않는 모습이든, 부모가 선호하는 모습과 무관하게 아이의 있는 그대로를 인정하고 수용하는 것이 사랑입니다. 부모가 좋아하지 않는 부분을 아이가 갖고 있더라도, 부모는 기본적으로 아이의 기질을 인정해 주고 수용해 주어야 합니다.

부모는 활발하고 사교성이 좋은 외향성 기질의 아이를 선호하는데, 실제 아들은 수줍음이 많고 조용한 내향성의 아이라면, 부모가 원하는 외향적인 행동을 했을 때만 칭찬해 줄 것이 아니라 내향적인 모습을 보일 때에도 수용해 주고 그것을 바꾸려고 애쓰지 말아야 합니다. 다만 타인과 관계를 맺거나 공동체 생활에서 적응하기 힘들어할 정도라면 도와주는 것이 좋습니다. 사회 적응력을 길러 줘야 하니까요.

간혹 화원에서 팔고 있는 분재를 보면 아이들의 모습이 떠올라 마음이 불편해질 때가 있습니다. 나무를 원하는 모양대로 만들기 위해 더 이상 자라지 못하도록 줄기를 자르고, 멋진 모양을 내기 위해 철사를 칭칭 감는 것처럼 부모가 싫어하는 아이의 기질, 부모의 기대와 다른 부분을 다 잘라 내어 버리고는 부모가 원하는 아이로 만들기 위해 새로운 것을 주입하고 조종하고 강요하는 모습과 비슷하게 느껴지기 때문입니다.

한 세대 위 부모들만 해도 먹고 살기 바쁘고 자녀들이 많다 보니까 특별히 자녀양육에 신경을 쓰지 못했습니다. 하지만 그렇게 자란 오늘날의 부모들은 학력 수준과 경제적인 수준이 높아지고 자녀 수는 줄어들어 옛날에 비해 자녀에게 투자할 수 있는 여건이 좋아졌습니다. 그래서 자신들이 겪었던 결핍에 대한 보상심리로 자녀 양육에 많은 에너지를 쏟고 있습니다. 필자가 만난 많은 부모들이 자녀의 자존감에 대해 불필요할 정도로 염려를 하고 있었습니다. 아이들의 마음에 상처를 주게 될까 봐, 아이가 기가 죽을까 봐 전전긍긍하며 아이들에게 끌려다니는 바람직하지 못한 사랑을 하고 있었습니다.

통제보다는 허용을, 훈육보다는 사랑을 더 많이 준다면 그 불균형으로 인해 오히려 부작용이 생깁니다.

훈육이 없는 사랑, 과잉된 사랑, 맹목적인 사랑은 남을 배려할 줄 모르고 자신이 원하는 대로 살아가는 철이 덜 든 천방지축 같은 아이로 만듭니다. 미성숙한 사람이 되어 결국 사회에서 부적응자로 살게 되기 쉽습니다.

반면 '바른 아이, 착한 아이'로 키우기 위해서 아이를 훈육한답시고 꾸중을 하고 혼을 많이 내는 부모들도 있습니다. 그런 부모들에게 물어보면, 사랑만 해 주면 버릇도 없고 예의도 없는 아이가 되어서 자신이 나쁜 부모로 손가락질 받을까 봐 두려워서 그런다고도 하고 칭찬을 많이 해 주면 우쭐해져서 더 이상 발전하지 않을까 봐 염려되어서 그런다고도 합니다. 정말 걱정도 많은 부모들이지요. 건강한 사랑이라면 표현을 많이 할수록 좋습니다. 건강하고 올바른 사랑을 많이 받은 아이는 부모의 말을 잘 듣게 되어 있습니다. 즉 아이에게 부모의 질 좋은 사랑이 먼저 들어가서 탄탄한 신뢰의 관계가 쌓이게 되면, 아이는 부모가 가르치는 규칙과 규제를 저절로 잘 따르게 됩니다. 아이를 훈육할 때 체벌은 별로 도움이 되지 않습니다. 일시적으로 행동을 그치게 할 수는 있을지언정 장기적으로 효과가 없을뿐더러 아이의 자존감과 부모와의 관계에도 악영향을 끼치게 됩니다. 짜증과 폭력 밑에서 자란 아이는 건강해질 수 없습니다. 체벌은 꼭 필요할 때에만 최소한으로 그리고 반드시 인격적으로 사용되어야만 효과가 있습니다.

아이를 잘 양육하려면 사랑과 훈육을 균형 있게 실천해 주어야 합니다. 그리고 훈육을 하기 전에 먼저 해야 하는 일은 아이에게 사랑을 듬뿍 부어 주는 것입니다. 아이와 부모 사이에 신뢰와 친밀감이 쌓인 후에 훈육하여야 마음에 상처도 덜 받고 좋은 효과가 나타납니다.

우리 아이
나쁜 버릇 고치기
5·3·3의 기적

2장

아이도
자기가 좋아하는
사람의 말을
잘 들을까?

부모가 변하면
아이도 반드시 따라 변합니다.

⟨5·3·3⟩이 기적을 일으킨다

이 장에서는 ⟨5·3·3의 기적⟩이 도대체 무엇이길래 아이들에게 잔소리도 하지 않고 혼도 내지 않고, 회초리를 들지도 않으면서 부모의 말을 잘 듣게 하는지 알아봅니다.

이 책이 제시하는 '기적'은 기본적으로 두 단계를 통해 이루어집니다. 첫 단계는 아이가 부모의 사랑을 느끼고 부모와 정말 친해져서 '엄마, 아빠는 내 편이구나.'라는 확신을 갖게 하는 시간입니다. 두 번째 단계는 첫 단계에서 만들어진 친밀감을 기초로 좋지 않은 행동이나 버릇을 제대로 잡아 가는 시간입니다.

* 1단계: 아이를 수용하고 지지해 주기 – 5분특별놀이

1단계는 부모와 자녀의 확고한 유대관계를 맺게 하는 단계로서 내가 밖에서 겉옷을 잃어버리고 들어와도, 친구와 다투고 들어와도, 부모님은 여전히 나를 사랑한다는 것을 믿게 하는 시간입니다. 아이와 부모가 라포Rapport를 형성해 가는 단계입니다. 라포란 신뢰감과 친근감을 의미하는 용어입니다. '내가 설령 엄마 아빠가 원하지 않는 일을 할지라도, 엄마 아빠가 나를 사랑하는 마음에는 변함이 없구나.'를 아이에게 확신시키는 시간입니다.

엄마나 아빠(주 양육자)는 매일 아이와 5분씩 놂으로써 라포를 형성합니다. '5분특별놀이Special Play Time'를 통해 있는 그대로의 아이를 수용해 주고, 지지해 주고, 격려해 줍니다. 그럼으로써 아이가 부모를 좋아하게 되고, 스스로 자신을 괜찮은 사람으로 생각함으로써 자존감이 올라갑니다, 게다가 부모의 훈육을 제대로 받아들여 그릇된 행동을 하지 않도록 바탕을 만들어 줍니다,

‘특별’이라는 말은 비싸거나 특별한 놀이 도구를 사용하거나 전무후무한 기발한 프로그램을 의미하는 말이 아닙니다. 부모가 온전히 아이에게 집중해서 놀되, 아이의 모든 행동을 인정해 주고 수용해 주고 지지해 주는 중요한 ‘스킬’들을 확실하게 배워서 실행을 해 주는 시간이기에 ‘특별’입니다.

하루 1,440분, 이 중에서 짧은 5분만 아이를 위해서 내어 준다면, 상상하기 힘든 놀랍고 보람된 기적을 경험하게 될 것입니다.

* 2단계: 나쁜 버릇 고치기(규율 따르기)
– 제대로 된 명령과 타임아웃

이제 아이와의 신뢰와 친밀감이 충분히 형성됐으니, 아이가 부모의 말에 순응하며 부적절한 행동이나 버릇을 고쳐 가는 단계로 넘어갑니다. 1단계가 탄탄하게 이루어졌다면, 2단계는 수월하게 진행됩니다. 1단계에서 아이와 긍정적인 관계가 만들어졌기 때문에 아이는 부모에 대해 심리적으로 무장해제가 된 상태입니다. 그래서 부모가 훈육을 할 때도 자신의 편이라는 것을 믿기에 상처를 덜 받습니다. 2단계에서는 버릇을 고치기 위한 단호한 방법들을 시행하면서도 1단계의 '5분특별놀이'는 계속해서 진행하게 됩니다. 때문에 아이들의 서러움과 분노가 쌓이지 않고 매일 풀어집니다.

이 과정에서는 '일관성'이 매우 중요합니다. 툭하면 친구나 동생을 때리고 심지어는 부모를 때리거나 자신의 요구를 들어줄 때까지 떼를 쓰고 고집을 부리며 힘을 쭉쭉 빼는 아이들에게는 상황이 끝날 때까지 단호한 태도를 보여 주어야 합니다. 가장 중요한 것은 동일한 상황이 발생할 때마다 동일한 반응을 해 주어야 한다는 것입니다.

회초리나 잔소리가 필요 없습니다. 단지 손가락 세 개와 3초를 기다려 줄 수 있는 인내심과 일관성, 그리고 3분 동안 문제 상황과 아이를 분리할 수 있는 용기만 있으면 됩니다. 이 3초와 3분이 여러분의 아이들을 획기적으로 바꾸게 될 것입니다.

과연 그 효과는 어떠한 것일까요?

먼저, 사회에 적응하는 능력이 향상됩니다.

영유아기 때 부모에게서 행동의 제한을 배우지 않으면 유치원이나 학교에 갔을 때 적응하기 어려워집니다. 행동의 제한을 받아 본 적이 없기 때문에 규칙을 따를 줄 모르는 것입니다. 집에서 천방지축으로 뛰어놀던 이런 아이들은 훗날 유치원을 가면 많이 힘들어합니다. 부모와 상담을 해 보면 지나치게 허용적인 부모인 경우가 많습니다.

제가 아는 어떤 아이는, 초등학교 1학년인데 하도 뛰어다니니까 선생님이 4개월 동안이나 무릎에 앉혀 놨었습니다. 선생님이 부모를 만나 보았더니 이렇게 말을 하더랍니다.

"아이가 자유롭게 뛰어놀아야 아이죠. 그리고 어릴 때 저렇게 마음대로 안 해 보면 언제 마음대로 해 보겠어요?"

그 아이는 4개월 동안 선생님 무릎에 앉아서 공부를 할 수밖에 없었습니다. 책상에 얌전하게 앉아서 공부하는 기본적인 규칙을 따르게 하는 데 4개월이 넘게 걸린 것입니다.

아이에게 조건 없는 사랑을 주는 것과 조건 없는 방임을 하는 것은 다릅니다. 아이들에게 규칙을 따르게 하는 것은 안전을 도모하기 위해서이기도 합니다. 아이들은 아직 전두엽이 덜 발달하여 많은 경우에 행동의 결과를 예측하지 못합니다. 적절한 제지가 없으면 무모한 행동, 무례한 행동을 저지르기 쉽습니다. 아무 것이나 던질 수도 있고, 기타 위험한 행동으로 인해 자신이나 다른 아이가 크게 다칠 수도 있습니다. 그러니 행동의 제한을 확실히 해 두어야 합니다. 영유아기 때 잘못 형성되어진 삶의 방식은 나이가 많아질수록 점점 더 고치기가 힘들어집니다.

부모가 가정 안에서 허용되는 것과 허용되지 않는 것들을 가르쳐야 그 아이가 자라서 더 큰 공동체나 조직에 가서도 규율을 지키고 잘 지낼 수 있게 됩니다.

훈육은 가족관계 내 갈등을 보다 쉽게 해결해 주기도 합니다. 예컨대 큰아이가 동생을 자꾸 때린다거나 할 때, '저러다가 말겠거니, 크면 나아지겠지.'라고 생각하며 그냥 방치하거나, 어떤 때는 화를 내고 어떤 때는 모른 척 지나가고, 또 어떤 때에는 회초리를 사용하는 등 이랬다저랬다 일관성 없는 반응을 보인다면, 형제자매 사이의 갈등이 심화될 뿐만 아니라 부모와 자녀 사이의 갈등의 골도 깊어집니다. 부모는 부모 말에 순종하지 않는 아이에게 섭섭하고 화가 나며, 아이는 이랬다저랬다 하는 부모에게서 교육적인 가이드를 받지 못하기 때문에 부모의 말을 듣지 않고 천방지축으로 자랍니다.

때문에 부모는 형제 사이에 문제가 발생했을 때 원칙을 가지고 일관되게 훈육해야 합니다. 그렇게 할 때 아이들 사이에 억울한 상황도 점차 사라지고 부모 또한 양육 스트레스가 크게 줄어듭니다.

엄마는
놀이치료사

5분특별놀이 시간에는 엄마가 놀이 전문가이자 놀이 치료사가 되어 아이의 마음을 어루만집니다.

햇살이 환하게 비치는 창가에서 엄마와 연서가 놀고 있습니다.

"내 기차는 분홍 기차야."

그런데 누가 보아도 연서의 기차는 보라색입니다.

엄마가 말합니다.

"아, 연서는 기차가 분홍색으로 보이는구나."

연서가 보라색을 분홍색이라고 해도 괜찮습니다. 햇살이 들어와서 그렇게 보일 수도 있으니까요. 엄마는 실제 보라색 장난감과 대조하여 이건 보라색이고 저건 분홍색이라고 굳이 설명해 주지 않습니다.

엄마가 또 말합니다.

"우리 연서가 기차를 아주 재밌게 잘 가지고 놀고 있구나."

"응. 이젠 고양이를 태우고 하늘을 날아요. 이렇게 슈우웅~"

엄마는 연서의 말과 행동, 생글생글 웃는 표정까지 그대로 연서를 따라 합니다.

"와~ 기차가 하늘을 슈우웅~ 이렇게 나는구나."

엄마의 장단에 연서는 더 신이 납니다. 이제는 고양이 옆 비좁은 자리에 사람을 겨우겨우 끼워 넣습니다.

"영차영차 우리 연서가 사람을 겨우겨우 태우고 있구나."

"고양이는 운전을 못 하잖아."

엄마가 대답합니다.

"아, 고양이가 운전을 못 하니까 운전할 사람을 태우느라고 그렇게 애썼구나. 고양이를 배려하는 우리 연서 마음이 참 곱구나."

연서의 머리를 쓰다듬어 줍니다.

기차가 하늘을 날아간다고 해도 기차는 '땅에서 칙칙폭폭 다니는 것'이지 '슈웅~ 하고 하늘을 나는 것'이 아니라고, 그건 비행기라고 가르치지 않습니다.

장난감을 끼워 넣다가 실패해서 좌절감을 맛볼까 봐 지레 겁나 먼저 도와주지도 않습니다.

감 놔라 배 놔라 하며 이리저리 놀이를 주도하여 연서로부터 놀이의 주인공 자리를 빼앗지도 않습니다.

그냥 아이가 노는 모습, 보이는 그대로를 중계방송 하듯이 묘사해 줍니다. 아이의 행동과 말과 표정을 따라 합니다. 작은 것에도 적극적으로 칭찬을 해 줍니다. 비난을 하거나 빈정거리거나 이렇게 해라 저렇게 해라 명령을 내리지도 않습니다. 그저 아이에게 긍정적으로 반응해 줄 뿐입니다.

　하루에 5분만 투자하여 이렇게 놀면 됩니다. 아이를 수용하고 지지해 주는 상호작용스킬을 배워서 매일 이렇게 5분 동안 꾸준히 실행합니다. 돈이 드는 것도 아니고, 긴 시간이 드는 것도 아니고, 부모의 열정과 의지만 있으면 가능합니다. 이를 통해 자녀와의 관계가 좋아질 뿐만 아니라 자녀의 정서적 안정감도 높아지며, 더 나아가서 나쁜 행동을 고칠 수 있는 심리적 초석이 만들어집니다.

　아이하고 같이 놀 때에는 시간의 양보다 질이 중요합니다. 피상적 억지춘향으로 길게 노는 것보다, 단 5분만이라도 즐겁게 효과적으로 노는 게 좋습니다. 5분 놀이 시간을 통해 아이의 두뇌발달과 어휘력, 사회 적응력이 높아집니다. 아이의 눈높이에서 수용하고 지지해 주세요. 아이의 입장에서 친구가 되어 놀아 주어야 합니다. 이 5분 동안, 부모들은 마치 놀이치료사가 된 듯한 성취감을 느낄 수 있습니다. 짧은 듯한 5분이지만 아이들이 정말로 행복해하는 모습을 보게 될 것이기 때문입니다.

5분특별놀이 시간에 사용하는 스킬은 단순하고 쉽습니다. 아마 이미 부분적으로 사용하고 있는 부모님들도 더러 있을 것입니다. 다만 부모의 기분에 따라, 혹은 아이가 원하는 행동을 할 때에만, 또 정확히 모른 채로 적당히 흉내만 내서 사용하는 경우가 많아서 문제이지요. 익숙지 않으니까 괜히 어색한 느낌이 들어서 잘 사용하기 힘든 경우도 있습니다. 하지만 일단 한번 제대로 시작하면, 점점 더 수월하게 할 수 있습니다. 일관성 있게 꾸준히 실행하면 하루가 다르게 솜씨가 늘어나며, 아이들의 표정이 달라지고 부모를 좋아하게 될 것임을 확신합니다.

명령하기 하나, 둘, 셋

오늘도 엄마는 아침부터 빨래와 청소로 바쁘게 하루를 보내고 있습니다. 이제 갓 여섯 살을 넘긴 성혁이는 거실에서 아침부터 한 시간이 넘도록 게임을 하느라 정신이 없습니다.

여러분의 상황이라면 이 아이에게 뭐라고 말하겠습니까?

“엄마가 그만 하라고 했지!”

“지금 몇 시간째야!”

거의 비명에 가까운 이런 류의 말들은 아이를 키우는 엄마라면 누구나 수십 번 아니 수백 번도 더 하였을지도 모릅니다.

이런 몇 마디가 1년, 2년 그 이상으로 매일 반복되면 나쁜 행동이 고쳐지기는커녕 오히려 아이의 자존감은 낮아지고 부모와의 관계는 악화일로를 달리게 됩니다. 또 부모는 어떻습니까? 그렇게 악을 쓰고 퍼부어 대고 나면 부모도 속으로 얼마나 후회를 많이 하는지 모릅니다. 자는 아이 얼굴을 바라보며 “우리 성혁이, 엄마가 미안해. 내일부터는 화내지 않고 잘해 줄게.”라고 생각합니다. 그러나 눈 뜨면 어젯밤의 다짐은 사라지고 또 계속되는 전쟁의 나날들이지요.

순간적으로 욱하는 마음이 조절되지 않아 아이들에게 큰소리를 치게 되는 부모, 한 번 인내심의 항아리가 꽉 차게 되면 걷잡을 수 없이 폭발해 버리는 부모라면 기적을 일으키는 3초가 반드시 필요합니다.

"임성혁, 컴퓨터 꺼." 그렇게 말하고 아이가 무엇을 하든, 뭐라고 말하든 개의치 말고 크게 "하나, 둘, 셋."을 외칩니다. 손가락을 들어 시각적으로 강조를 해 주면 더 좋지요.

이 3초는 부모가 자신의 감정을 다스리면서 아이로 하여금 잘못된 행동을 바로잡도록 기회를 주는 '하나 둘 셋' 3초입니다. 부모의 말에 순종할지 안 할지 생각하고, 바르게 행동할 기회를 주는 카운팅입니다. 동시에, 부모에게는 자신의 화나는 감정을 진정시키는 시간입니다. 명령을 내릴 때는 감정을 싣지 않고, 내용은 단호하지만 목소리는 평소 톤으로 말합니다.

"아, 그 방법이요? 나도 하고 있고 세상의 모든 부모들이 다 쓰는 방법이지만 별로 효과가 없던데요?"라고 말하고 싶은 분들이 있으리라 생각됩니다. 효과가 없는 이유가 있습니다. 제대로 된 방법으로 사용하지 않고 있기 때문입니다.

마음이 약한 부모는 하나, 둘까지는 잘 세었지만 셋까지는 결코 못 갑니다. 둘의 반 둘의 반의 반… 아이는 "우리 엄마(아빠)는 셋까지 못 세." 또는 "오늘만 봐준다 해 놓고는 매일 봐주니까 오늘도 괜찮을 거야." 이렇게 생각하니 겁이 안 납니다. 부모의 명령에 이어지는 하나 둘 셋이 아무런 효력이 없다는 것을 경험으로 터득합니다. 단지 귀찮은 소리로만 여겨집니다.

또 셋까지 잘 세기는 했는데 아이가 여전히 말을 듣지 않는데도 불구하고 아무런 힘을 발휘하지 못하는 부모도 있습니다. "너 셋 셀 때까지 밥 먹으러 안 오면 밥 치워 버린다."라고 하구선 아이가 들은 척도 안 하는데 밥을 치우지 않습니다. 아이는 엄마가 밥을 치우지 않으리라는 것을 이미 알고 있습니다. 그래서 하나 둘 셋을 세는 것이 전혀 무섭지가 않습니다.

아이들이 부모의 카운트다운을 무서워하지 않는 이유는 많습니다. 그 이유들의 공통점은, '하나 둘 셋 카운트다운' 이후에도 말을 듣지 않을 때 벌이나 페널티를 주는 것에 일관성이 없다는 점입니다. 즉 밥을 치운다고 말해 놓고 어떤 때에는 치우고, 또 어떤 때에는 쫓아다니면서 밥을 먹여 줍니다. 자신이 뱉은 말을 지키지 않는 부모, 자신의 기분에 따라 규칙을 지켰다 안 지켰다 하는 부모, 이런 부모에게서 자란 자녀는 규칙의 내면화가 이루어지지 않기 때문에 나쁜 버릇을 고치기 어렵습니다.

엄마: 모자도 쓰고 나와.

아이: 왜요?

엄마: 밖이 추우니까.

아이: 아, 별로 안 추운데. 어제도 안 추웠어요.

엄마: 그건 어제이고 오늘은 바람도 많이 불어.

아이: 난 머리가 길어서 안 추운데.

엄마: 머리가 길다고 안 춥냐? 잔소리 말고 빨리 써.

아이와의 대화는 대개 이렇게 진행됩니다. 아이가 명령에 따르지 않아도 되는 나름대로의 이유를 제시하고 부모는 아이를 설득하려 합니다.

평소 호기심이 많고 질문이 많은 아이들에게는 "모자 써."라고 말하기 전에 "주영아, 오늘은 밖에 바람이 많이 불어서 추우니까 모자 쓰고 나와."처럼 이유를 먼저 말하고 명령을 내리는 게 효과적입니다.

하지만 모든 아이에게 명령을 내릴 때마다 매번 설명을 해 줄 수 있을까요? 아이들이 "왜요?"라고 물을 때마다 부모들이 논리적인 이유를 찾아내어야 한다면 아마 우리는 뭔가 지시를 하려고 할 때마다 필요 이상의 많은 생각을 해야 할지도 모릅니다. 그러는 동안 아이는 이유를 제시하면서 이미 부모의 말을 듣지 않고 있습니다. 시간을 버는 셈이지요. 이런 상황들이 반복되고 있다면 '하나 둘 셋'의 위력이 반드시 필요합니다. '하나 둘 셋'을 효과적으로 할 때에는 이런 이유를 들을 필요도 없이, 아니 이유를 말하든 말든 상관없이 무조건 '하나 둘 셋'을 셉니다.

토머스 W. 펠런 박사는 몇십 년간 『1-2-3 매직』이라는 그의 저서를 통해 아이의 행동을 바로잡는 일을 하고 있습니다. 미국의 많은 부모들과 선생님들이 이 방법을 통해 아이들의 행실이 달라졌음을 인증하고 있습니다.

　"1-2-3 매직 자녀교육은 아이의 행동을 고치는 만큼이나 부모의 화를 다스리는 데도 효과적이다. 아이는 부모 말을 안 듣는 것이 아니라, 듣지 못하는 것이다. 꼭 필요한 이야기만 해 주고 차분하고 침착하게 기다려 주라. 상처 주거나 괴롭히지 않는 따뜻한 훈육을 시작하자."라고 『1-2-3 매직』에서는 말합니다.

　아이에게 명령을 내리고 언제나 한결같이 "하나 둘 셋"을 세었을 뿐인데 아이들이 놀랍게 변합니다. 그래서 3초의 기적이라고 합니다.

3분
타임아웃

엄마가 하지 말라고 수도 없이 말해도 아이가 들은 척하지도 않고 하던 행동을 계속할 때, 엄마는 단호하게 명령을 내립니다. 그리고 연달아 소리 내어 '하나, 둘, 셋'을 셉니다.

명령을 내린 후 더 이상 어떤 잔소리도 하지 않고, 아이의 반응도 살피지 않고 바로 하나 둘 셋을 외칩니다.

하나 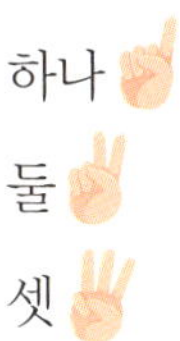
둘
셋

손가락을 보여 주며 단호하게 또박또박 힘주어서 숫자를 부릅니다.

부글거리는 화를 참으면서 목구멍까지 올라오는 잔소리를 삼키고 그냥 숫자만 카운트한다는 것이 어려워 보이지만, 몇 번 하다 보면 적응이 됩니다.

셋까지 다 세었는데도 아이가 순종하지 않고 하던 행동을 계속한다면, 이제 타임아웃을 시행할 시간입니다.

타임아웃은 유치원이나 학교, 집에서 '생각하는 자리'로 잘 알려져 있습니다. '하나 둘 셋'처럼 타임아웃에 대해서도 "우리 아이에게는 안 통하던데요?"라고 말하고 싶은 부모들도 있겠지요. 대답은 역시 동일합니다. '제대로 알지 못하고 대충 흉내만 내는 타임아웃을 사용했기 때문'이라고 말하고 싶습니다. 타임아웃의 근본적인 취지와 시행방법을 정확히 알고 제대로 사용한다면, 반드시 효과가 나타납니다. 타임아웃은 거의 100년의 세월 동안 전 세계적으로 아이들의 나쁜 행동이나 버릇을 고치는 데에 탁월한 효과가 있는 것으로 검증된 행동심리학의 대표적인 행동수정방법입니다. 부모의 일관성과 인내심이 부족해서 하였

다 말았다 하는 경우, 또는 비인격적이고 모욕적으로 잘못
사용한 경우가 아닌 한 효과를 봅니다.

자, 다시 우리 가정의 현장으로 돌아가 보겠습니다.

고치고 싶은 아이의 행동을 결정한 후 제일 먼저 할 일
은 아이에게 미리 이야기를 해 주는 것입니다.

"이제부터 네가 떼를 쓸 때면, 엄마가 그렇게 하지 말라
고 말을 한 후에 하나 둘 셋을 셀 거야. 셋 셀 때까지 엄마
말을 듣지 않으면, 너는 저기 보이는 자리로 가서 3분 동
안 서 있게 될 거야. 3분이 되지 않았는데 그 자리에서 벗
어나면, 다시 처음부터 3분을 셀 거야."라고 미리 말해 줍
니다. 그리고 아이에게 예고한 말을 그대로 지킵니다.

컴퓨터 게임을 계속 하고 있는 아이를 향해, "컴퓨터를
꺼. 하나, 둘, 셋."을 외칩니다. 만약 셋 셀 때까지 게임을
그만두지 않았다면 미리 마련해 둔 구석진 곳에 있는 타임
아웃 자리로 보냅니다. 그 자리로 간다는 것은 '처벌'이 아
닙니다. 응징의 개념이 아니라 게임을 그만하도록 그 상황

에서 아이를 분리시키는 행동입니다. 말을 안 듣는 아이와 상황을 떼어 놓는, 그래서 좋지 않은 상황을 끝내게 하는, 말 그대로 '타임아웃'을 의미합니다.

하나 둘 셋을 세고 난 뒤에도 아이가 부모의 말을 그냥 귓등으로 흘려듣고 있다면 이렇게 단호히 부모가 개입해야 합니다. 이것이 아이의 나쁜 버릇을 바로잡는 중요한 포인트입니다.

부모가 만든 규칙이 일관성 있게 지속적으로 반복되면 그 규칙이 아이의 마음에 자동적으로 내면화되어 스스로 자신의 행동을 조절할 수 있게 됩니다. 즉, 아이가 예전에 하던 부적절한 행동을 연상시키는 어떤 상황에 놓였을 때, 자신도 모르게 내면화된 규칙에 따르게 되어 올바르게 행동하게 됩니다. 그러기 위해서는 부모가 꾸준히 인내심을 가지고 아이의 마음에 일관성 있는 규칙을 만들어 주어야 합니다. 여러분은 이 책에서 어렵지 않게 그 방법을 배울 것이고, 잘 따라만 한다면 여러분의 아이들은 나쁜 행동에서 자유로워져 칭찬과 같은 긍정적인 피드백을 많이 받는 아이가 될 것입니다. 그래서 자존감도 높아지고 부모와의

관계도 좋아져 곧 다가올 사춘기를 평화롭게 보낼 수 있게
될 것입니다.

앞으로 1단계에서는 5분 놀이를 통해 아이를 전폭적으
로 수용하고 지지하는 '사랑의 방법'을 자세하게 배우고, 2
단계에서는 아이가 순종하기 쉽게 명령을 내리는 방법과
인격적인 방법으로 타임아웃을 시행하는 '훈육의 방법'을
배우게 됩니다. 물론 2단계에서 타임아웃을 할 때에도 1단
계에서 해 왔던, 아이와의 특별놀이는 계속 지속되어야 합
니다.

부모가 배운 대로 했는데도 불구하고 아이가 개선되지
않는 경우 전문가의 도움이 필요할 수도 있습니다. 마음에
심한 상처가 있는 아이들, 분노나 트라우마가 있는 아이들
이 그렇습니다. 그런 아이들의 경우 타임아웃을 계속 강행
한다면 오히려 역효과가 날 수 있으니 유의해야 합니다.

1단계, 2단계의 모든 과정은 한번 시작하면 문제 행동이
수정될 때까지 계속해 줘야 합니다. 부모들이 하다가 지쳐

서 중간에 그만두기도 하는데, 한번 시작했으면 나쁜 버릇을 고칠 때까지 중도포기를 해선 안 됩니다. 부모가 한두 번 시도하고 더 이상 하지 않았다가 후에 다시 시도하려고 하면 성공의 확률은 처음 시작할 때보다 훨씬 떨어집니다. 그러니 시작했으면 반드시 하나만이라도 끝장을 봐야 합니다.

그래서 변덕이 심하고 일관성이 없는 부모 아래서 성장하는 아이들은 그렇지 않은 부모를 가진 아이들에 비해 상대적으로 좋은 버릇 들이기가 어렵습니다. 결국 아이의 버릇을 고치는 일에 있어서 가장 중요한 것은 일관성의 문제라고 할 수 있습니다. 일관성과 부모의 열성이 가장 중요한 열쇠입니다.

자녀의 행동에 대한 부모의 일관성 있는 양육태도가 얼마나 중요한지 알려 주는 실험과 연구는 많이 있습니다. 그 중에서도 노만 마이어 박사의 쥐 실험을 소개하겠습니다. 사각형과 삼각형이 각각 그려진 두 개의 문이 있는 실험장치에 쥐들을 넣었습니다. 처음 얼마 동안에는 쥐가 사각형

문을 터치하면 문이 열리면서 음식을 먹는 '보상'을 경험하게 했고, 삼각형 문을 터치하면 문이 열리지 않아 아래로 떨어지는 '처벌'을 경험하게 했습니다. 그러자 쥐들은 두 문의 차이를 알게 되었습니다. 마이어는 이제 쥐들이 사각형 문으로 갔을 때 음식을 먹을 수도 있지만 아래로 떨어질 수도 있도록 무작위로 조건을 바꾸었습니다.

쥐들의 반응은 어떠했을까요? 얼마 지나지 않아 어떤 쥐는 미친 듯이 이리저리 왔다갔다 불안정해했고 어떤 쥐는 극도로 긴장한 상태에서 전혀 먹지 못했습니다. 그 외에도 털이 빠지고 피부병이 생기고 혼자 구석에 처박혀 있는 쥐들도 보였습니다.

사람도 마찬가지입니다. 보상과 처벌에 일관성 없는 부모의 양육태도는 이러한 신경증적인 증세를 불러올 수 있습니다. 아이는 똑같이 행동했는데 어떤 때에는 부모가 화를 내고 어떤 때에는 귀엽다고 웃어넘긴다면, 아이는 혼란스럽고 화가 나서 마음이 깊이 병들어 갑니다. '기분에 따라서 그럴 수도 있지'라고 가볍게 생각해선 안 됩니다. 이 실험을 듣고 난 뒤 자신이 너무 위험한 엄마였노라고 눈물로 고백하는 어머니도 보았습니다. 여러분은 어떠십니까?

우리 아이
나쁜 버릇 고치기
5·3·3의 기적

3장

"엄마는 내 편, 엄마가 제일 좋아요!"

아이는 스펀지와 같아서
부모가 주는 대로 여과없이 받아들입니다.

5분특별놀이:
아이가 놀이의
주인공이 되게 하라

1단계의 궁극적인 목표는 부모와 친해지기입니다. "엄마(아빠)는 어떤 경우에도 내 편이야. 나를 사랑하니까."라고 말할 수 있는 사랑의 관계를 확고하게 만드는 시간입니다. 5분특별놀이는 기적 같은 일을 일어나게 하는 열쇠입니다.

5분특별놀이를 일반적으로 2~3주 정도 성실히 행하다 보면, 아이와 부모가 가까워졌다는 걸 느끼는 순간이 옵니다.

'아, 이제는 아이가 나를 정말 좋아하네. 졸졸 따라다니네.'

귀찮은 느낌이 들 정도로 부모와 붙어 지내려고 하는 경향을 보이기도 하고 버릇없게 굴기도 합니다. 5분특별놀이를 통해 부모가 한결같이 자신을 수용해 주고 지지해 준다는 것을 알아서 관계에 자신감이 생겼기 때문이지요. 이런 모습을 아이가 보인다면 1단계 진행을 잘하고 있다는 의미입니다.

아이와 매일 5분씩 1:1로 함께 노는 특별놀이 시간. 이 짧은 5분이라는 시간을 통해 참으로 귀한 보물을 얻게 됩니다. 심리적으로 불안정했던 아이들은 안정을 찾고, 보통 아이들은 더 행복한 아이로 자라게 됩니다.

5분특별놀이 시간은 아이가 주인공이라는 것을 반드시 기억해야 합니다. 평소 우리는 흔히 '아이들은 부모보다 뭘 모른다, 기능적으로도 떨어지고 미숙하다, 그러니까 늘 가르쳐 줘야 한다.'고 생각하여 호시탐탐 아이의 행동에 개입하려고 듭니다. 아이와 함께 노는 시간조차도 부모의 지속적인 개입이 되풀이되는 시간이 됩니다. 부모가 원하는 대로, 부모가 가르치는 대로 놀이가 흘러가서 놀이의 주인공이 부모가 되어 버리기 일쑤입니다. 그렇게 되면 아이들은 놀이의 즐거움을 잃어버리게 됩니다.

아이들이 스스로 행동을 익히고 잘 자라 갈 수 있는데도 불구하고 부모가 일일이 간섭하고 과도하게 개입한다면, 아이들은 자율적이고 주도적인 힘을 기르지 못할 수도 있습니다.

예를 들어 볼까요?

아이: (꽃을 반복해서 그리고 있다.)
엄마: 꽃만 계속 그리지 말고 집 한번 그려 봐.

아이: (소꿉놀이로 양파를 썰고 있다.)
엄마: 우리 지영이는 양파를 안 먹어요. 그러면 나쁜 아이지요?

이런 식으로 놀려면 차라리 말을 하지 않고 노는 것이 더 좋습니다. 열심히 할수록 더 나빠지는 경우이지요.

주차장 세트 놀잇감을 가지고 엄마랑 아이가 놀고 있습니다. 그런데 아이가 옥상 헬리콥터 주차장에 큰 버스를 주차합니다.

엄마: 응? 거긴 헬리콥터 자리잖아.

아이: 응. 근데 버스 둘 데가 없어서 그냥 여기다가 둘래.

엄마: 그럼 헬리콥터는 어디에 두니? 제자리에 둬야지.

이러면서 엄마는 아이가 올려놓은 버스를 바닥 주차 시설에 놓습니다.

아이: 아 엄마 난 여기다 둘 거야.

엄마: (엄마가 헬리콥터를 아이에게 주면서) 자 이걸 거기에 주차해야지. 헬리콥터를 두라고 만든 자리니까 거기에 두고 버스는 버스 주차장에 둬야지.

아이가 헬리콥터 주차 자리에 버스를 둔다고 무슨 일이 나는 것도 아닙니다. 그저 장난감으로 놀고 있을 뿐인데 엄마가 왜 이러는지 생각해 볼 필요가 있습니다.

엄마랑 동물농장 놀이를 하고 있습니다.

아이: (토끼를 가지고 깡충깡충 하며 놀다가 사자 우리 안에 넣어 둔다)

이런 모습들이 바로 아이의 행동을 통제하는 부모의 모습입니다. 이렇게 놀이에 지나치게 개입하는 행동을 반복하면 아이가 주인공이 되어 맘대로 놀지 못하게 됩니다. 아이의 창의성도 망치는 셈입니다. 혹시나 아이가 토끼를 사자 우리에 둬도 마음씨 착한 사자라 토끼를 잡아먹지 않고, "어휴 길 잃은 토끼구나. 내가 너희 엄마를 찾아줄게." 이런 스토리를 생각했을 수도 있지 않습니까?

이 시점에서 부모들이 짚고 넘어가야 할 것이 있습니다. 아이랑 놀 때에 부모들이 불필요한 개입을 하게 되는 보다 근원적인 이유를 깨달아야 합니다. 앞의 경우, 헬리콥터를 둬야 하는 자리에 자동차를 놓으면, 결과적으로는 답이 틀린 셈이니, 부모는 아이가 앞으로도 공부를 못하게 되면 어떡하지 하며 벌써부터 걱정이 앞서게 됩니다. 정답을 찾아내지 못한, 실패한 아이를 만들고 싶지 않은 것이지요.

토끼는 토끼장에, 헬리콥터는 헬리콥터 자리에 있어야 하는 것처럼 답이 결정되어 있는 사지선다형에 익숙해서 그렇습니다.

실제로 저희 상담실에서 있었던 일입니다. 아이가 놀면서 기차가 하늘을 나는 시늉을 하며 "기차가 슈웅~"이라고 했습니다. 그러자 엄마가 "하늘을 나는 건 기차가 아니라 비행기야." 그러면서 아이에게, "기차는 칙칙폭폭 땅에서 선로를 다니는 거야." 이렇게 얘기를 합니다. 아이가 유치원에 가서 "하늘을 나는 것은?" 하고 물으면 "기차."라고 대답할까 봐 엄마는 무의식 깊은 곳에서 두려워하고 있는지도 모릅니다.

그러나 이제는 AI시대, 인공지능의 시대입니다. 부모들의 자녀양육에 대한 패러다임이 바뀌어야 하는 시점입니다. 사지선다형에서 정답을 골라내는 일은 인공지능이 대신할 것입니다. 기계가 따라올 수 없는, 인간의 머리에서만 나올 수 있는 창의적인 답을 생각해 낼 수 있는 사람이 미래의 리더가 될 수 있습니다. 그 외에도 기계가 흉내 낼 수 없는 기능들, 즉 동료의 마음을 읽고, 그 사람의 마음을 위로하고 배려하는 따뜻함 등을 키워 주는 것이 부모가 해야 할 일입니다. 아이들에게 냉철한 논리뿐만 아니라 따뜻한 감성을 가르치는 것 또한 너무나 중요한 일임을 많은 부모들이 알았으면 좋겠습니다.

놀이는 놀이 자체로 즐거워야 합니다. 하고 싶은 대로 놀 때 아이들은 제일 즐겁습니다. 그것이 제한되면 놀기 싫어집니다. 아이가 자기 나름대로의 방법으로 노는 것을 허용하기보다 가르치고 주의를 주고 부모가 원하는 방향으로 놀게 하면, 아이는 놀이 중에도 부모가 뭘 원하는지에 대해서 예민해지게 됩니다. 자기 생각대로 했다가는 '아빠가, 엄마가 뭐라 그럴 텐데.' 하면서 두려워하고 수치심을 느낄 수 있습니다. 그래서 눈치를 보게 되고, 결국은 마음이 편치 않으니까 "이제 그만 놀래." 또는 "싫어! 내 맘대로 할 거야!"라고 소리치기도 합니다. 그러면서 부모와 갈등이 생깁니다.

부모들도 나름대로 참 열심히 배웁니다. 여기저기서 강

의도 많이 듣고 책도 많이 보고. 그런데도 내 아이는 여전히 말을 잘 안 듣고, 하지 말라는 행동을 하며 부모를 힘 빠지게 하고 실망시킵니다.

제주도에 가려고 뜨거운 햇볕 아래 며칠 동안 열심히 노를 저어 도착하고 보니까 울릉도인 겁니다. 방향을 잘못 잡았거나 노를 젓는 방법이 잘못되어서 배가 엉뚱한 곳을 향해 간 것이겠지요. 이와 마찬가지로 육아에서도 제대로 방향을 잡고 제대로 노를 사용할 줄 알아야 합니다.

특별놀이시간에는 부모의 개입 없이 아이가 원하는 대로 놀게 해야 합니다. 하루 종일 이렇게 하기는 어렵겠지만, 이 5분 동안만큼은 아이를 통제하겠다는 생각을 완전히 내려놓으십시오. 비록 아이가 내 마음에 안 드는 행동을 하더라도, 공격적이거나 위험한 행동을 제외하고는 개입하면 안 됩니다. 이 5분은 온전히 아이가 주인공이 되고 아이가 놀이를 주도하는 시간입니다. 자기가 하고 싶은 대로 마음껏 놀 수 있도록 합니다. 부모는 그냥 아이 옆에서 아이의 행동을 수용해 주고, 지지해 주고, 응원해 주고, 부모도 함께 즐겁게 놀면 됩니다.

"나는 너를 진짜 사랑해. 네가 어떤 식으로 놀아도 나는 다 오케이야." 아이가 이런 느낌을 받게 해 주는 것이 바로 5분특별놀이가 원하는 바입니다.

아이가 레고로 놀고 있습니다. 아이는 지금 레고로 집을 짓는 건축가입니다. 그러니 아이가 나름대로 설계를 하고, 자기 개성대로 얼마나 멋진 집을 건축하는지 기대하는 마음을 가지고 보면 됩니다. 아이가 3층짜리 집을 짓겠다고 레고를 쌓고 있습니다. 이럴 때 빨간색 지붕을 올릴지, 네모짜리 창문을 붙일지 결정하는 사람은 이 아이입니다. 마음에 안 들면 떼어 내는 것도 이 아이입니다. "내가 3층을 지어 보니까 4층, 5층까지 짓는 것도 괜찮을 것 같아." 이런 생각으로 설계를 변경하는 것도 이 아이가 결정해야 합니다.

이렇게 5분 놀이 시간에는 아이 스스로 다 결정하도록 해 줍니다. 부모는 그저 옆에서 아이로 하여금, '나는 내 마음대로 내 것을 할 수 있는 능력 있는 사람이야.' 이렇게 인식하도록 도와주면 됩니다. 그렇게 하면 아이의 자존감

과 자율성도 높아집니다. 부모들이 원하는 자기주도 학습
이 가능한 아이로 자라게 됩니다. 아이가 독립적으로 살아
갈 수 있는 기초가 쌓이게 됩니다.

부모들이 아이에게, "야 너 혼자서 공부 좀 해 봐, 너가
알아서 좀 해 봐."라는 말을 많이 하지요? 그런데 실질적
으로는 그런 훈련을 쌓을 기회를 주지 않는 경우가 많습니
다. 오히려 아이가 무슨 공부를 얼마나 할지 간섭합니다.
어떤 부모들은 아이들에게 공부할 페이지까지 정해 주기
도 합니다. 상담을 받으러 온 한 어머니는 어느 날 출근하
면서 아이에게 공부해야 되는 페이지를 적어 주는 걸 깜빡
잊었다고 합니다. 그러면 아이가 엄마한테 전화해서 물어
본답니다. "엄마 수학은 몇 페이지까지 해야 돼? 국어 문
제집은?" 이런 관계가 되면 아이의 자율성과 독립성을 익
혀 갈 중요한 찬스를 놓쳐 버리게 됩니다. 이렇게 부모가
지시하는 것이 습관이 되어서 아이와 놀 때도 그 습관을
그대로 가져온다면, 5분특별놀이는 아이들로 하여금 좌절
감과 실망감만을 느끼게 하는 부정적인 시간이 될 것입니
다. 그러니 앞으로 배울 상호작용 기술을 제대로 배워서
사용을 해야 합니다.

부모는 일상생활에서도 늘 아이를 지지하고 격려해 주고, 칭찬해 줄 수 있어야 합니다. 매일 5분특별놀이 시간을 통해 집중적으로 훈련을 해서 습관이 되면 나중엔 놀이 시간 때 외에도 바람직한 상호작용기술을 자유자재로 응용할 수 있게 됩니다.

특별놀이 시간에는 사용해야 하는 5 Do Skill이 있고, 사용하면 안 되는 3 Do Not Skill이 있습니다. 부모가 여태까지 부정적으로 반응하던 것과 다르게 완전히 긍정적으로 아이의 행동에 대해 반응하기 시작할 때, 아이는 부모가 달라지고 있다고 생각합니다. 그것이 부모와 아이가 한편이 되는 시작점입니다.

이 시간은 부모와 아이가 단둘이서 1:1로 노는 시간이기 때문에, 자녀마다 각각 따로 시간을 냅니다. 두 아이를 데리고 2:1로 놀아 주게 된다면 아이가 부모의 사랑을 혼자 독차지하는 풍성함을 느끼기 어렵기 때문입니다. 게다가 혹 아이들끼리 갈등 상황이라도 발생하면 둘 중 한 아이는 양보하게 되는 등 속상한 일이 발생하게 됩니다. 그럴 때는

5분 특별놀이가 지향하는 무조건적인 수용과 지지가 온전히 이루어지지 않습니다. 그러므로 오로지 한 아이에게만 집중하는 시간을 만들어야 합니다. 방해를 받지 않게 먼저 주변 정리를 해 놓고 놀이를 시작합니다. 핸드폰은 꺼 놓든지 다른 곳에 둡니다. 어린 동생이 있다면 놀이에 참여하지 않는 아빠나 엄마와 함께 놀 수 있도록 도움을 청하여 둡시다. 혼자 있게 되는 상황이라면 맛있는 간식과 좋아하는 것을 하도록 준비해 주면서 "언니(동생)와 먼저 놀고 난 후에 그 다음엔 네 차례야."라고 말해 줘도 좋습니다.

부모들에게서 종종 아이들이 더 길게 놀아 주길 바라는데 5분 이상으로 놀면 안 되냐는 질문을 많이 받습니다. 아이들이 더 길게 놀길 원하는 건 당연하지요. 하지만 막상 시도해 보면 알겠지만 생각보다 5분이 깁니다. 특히 처음에는 익숙지 않은 기술들을 사용해야 하기 때문에 다소 힘들 수도 있습니다. 그러다 보면 그 전에 하던 모습으로 돌아가서 자연스레 명령도 하게 되고 부정적인 말들도 하게 됩니다. 그러면 5분특별놀이의 취지에서 벗어나게 됩니다. 그러니 일단 5분이 지나면 특별놀이는 접는 것이 좋습니다. 익숙하지 못한 부모는 훈련을 통해 놀이시간을 서서히 늘여가는 것이 좋습니다. 이런 좋은 스킬들을 잘 활용할 수 있게 되었다면 놀이 시간을 늘려도 좋겠지요.

상담실에서 부모들이 훈련받을 때 저는 일방경 너머에서 코칭을 합니다. 놀이 시작 후 얼마 안 되었을 때에는 긴장해서 배운 대로 잘 하지만, 놀이 시간이 길어질수록 많은 부모들이 예전의 모습을 보이기 시작합니다. "와, 이것 좀 봐. 이 차 신기하지 않니? 이거 갖고 놀아 봐." 이런 식으로 명령도 하구요. "왜 자꾸 옷에다 문지르니? 그렇게 하지 말라고~"라고 부정적인 말도 합니다. 촬영된 동영상을 보여 주면, 다들 평소에 아이와 놀 때 이렇게 명령을 많이 내리는 줄 몰랐다고들 합니다. 오랫동안 그런 식으로 놀아왔기 때문에 아이와 노는 시간이 길어질수록 자신도 모르게 자동적으로 그런 행동이 나오게 된다고 합니다. 평소에 그만큼 지시적인 놀이를 하고 있다는 의미이니 마음이 좀 씁쓸해지기도 하지요.

5분특별놀이: 미래의 행복을 좌우하는 3가지 욕구를 충족시켜라

어린 시절 특정한 몇 가지 욕구들이 충족되면 어른이 되어서도 심리적으로 건강하고 행복한 삶을 살 수 있다는 논문이 있습니다. 그 논문을 보면서 5분특별놀이 기술들이 그 욕구를 채워 주는 데 좋은 도구가 될 수 있겠다는 생각이 들었습니다.

미국의 프레드 파인이라는 정신분석학자는 심리적으로 힘들어하는 어른들을 상담해 오면서 공통적인 요소를 발견해서 논문으로 썼습니다. 인간이 가지고 있는 욕구 중에 세 가지 특정한 욕구가 있는데, 성장하는 동안에 그 욕구가 제대로 충족되어지지 못하면 어른이 된 후에 현실적으로 좋은 조건들을 다 갖추고 있어도 '갈등', '결함', '결핍' 등의 감정에 민감하게 반응하며 행복하지 않다고 생각하며 살고 있더라는 것입니다. 그 욕구는 과연 무엇일까요?

첫 번째 욕구는 자신의 이야기를 진지하게 들어 주기를 바라는 욕구입니다.

여러분들은 어떠십니까? 아이들이 무언가를 주절주절 말할 때 진지하게 귀 기울여 들어 주십니까? 실제로 부모들은 아이들의 말을 진지하게 잘 들어 주지 않는 편입니다. 들어 준다 하더라도 짧게 요점 정리된 채로 듣기를 원합니다. 왜 그럴까요? 제가 부모님들께 질문하면 어머니들은 대부분 너무 할 일이 많고 바빠서 그렇다고 하고, 아버지들은 퇴근해서 집에 오면 너무 피곤하고 쉬고 싶어서 그렇다고 합니다. 물론 그 말도 일리는 있습니다. 그러나 솔직히 말해서 좋아하는 TV 프로그램을 본다거나 전화로 수다를 떤다거나 할 때에는 수십 분씩 시간을 보낼 때도 있지 않습니까? 아이들이 아무리 오래 이야기해 봤자 드라마 한 편 보는 시간만큼 말하지는 않습니다. 부모들의 내면에는 일찌감치 아이들의 이야기가 별로 중요하지 않은 내용들이라는 생각이 있는 게 아닐까 싶습니다. 아이들은 별생각도 없고 의미도 없는 넋두리 같은 말을 하는 거라고 여기는 거죠. 게다가 계속 같은 말을 반복하기 때문에 더 짜증이 날 수도 있고요. 그러나 같은 내용의 말을 계속 반복한다는 것은 무엇을 의미하는 걸까요? 나의 이야기가 제대로 상대방에게 제대로 전달되지 않았다고 느껴서 답답하다는 뜻입니다. 아이들도 똑같습니다. 부모가 아이의 이야기를 진지하게 들어 주려고 노력해야 하는데 건성으로 듣거나 말을 귀찮아한다는 것을 느끼면 자꾸 반복해서 말하게 됩니다. 그럴 때 아이는 거절감을 느낄 수도 있고 자신이 별로 소중한 사람이 아니라는 생각이 들 수도 있습니다.

이처럼 아이에게 관심을 기울여 아이를 이해하고 수용하고 있다는 것을 계속 표현해 주는 방편의 하나가 5분특별놀이입니다.

두 번째 욕구는 무대에 오르고 싶은 욕구입니다.

다시 말하자면 주인공이 되고 싶어 하는 욕구라고 할 수 있습니다. 수줍어하고 내향적인 기질의 아이들의 경우 자칫 부모가 놓치기 쉬운 욕구입니다. 수줍어하는 아이들도 주인공이 되고자 하는 욕구가 있지만 기질상 그것을 과감하게 표현하지 못할 뿐입니다. 그럴 땐 부모가 나서서 아이가 주인공이 될 수 있도록 자리를 만들어 주는 것이 중요합니다.

간혹 부모들 중에는 아이와 게임을 하면 반드시 이겨야 하는 분들이 있습니다. 특히 아버지들이 그런 성향이 강한데, 그런 분들은 아이들이 계속 져서 약올라서 징징거리면 "냉정한 승부의 세계를 어릴 적부터 미리 알아야 강해진다."고 말합니다. 서른, 마흔 살의 부모와 너덧 살짜리 아이가 게임을 한다면 당연히 이기는 사람은 부모입니다. 그것 자체가 불공평한 게임인데도 아이를 가르치기 위해서 그렇게 한다는 것은 하나만 알고 둘은 모르는 것입니다. 부모가 아이에게 이기기도 하고 져주기도 하면서 아이가 어떤 때는 조연, 어떤 때는 주인공이 되어 보는 경험을 하게 하는 것이 더 지혜로운 방법입니다. 집에서라도 아이가 대장 연습도 해 보고 주인공 연습도 해 볼 수 있도록 도와주면 아이가 얼마나 행복할까요? 어린 아이라도 밖에 나가면 이미 냉정한 승부세계 속에 살고 있습니다. 아이도 긴장을 풀고 비빌 언덕이 필요하답니다. 5분특별놀이에서 놀이의 주인공은 아이입니다. 함께 놀아 주는 부모는 주인공을 빛내 주고 주인공이 능력을 맘껏 발휘할 수 있도록 도와주는 존재일 뿐입니다. 5분특별놀이를 해 주는 부모의 수용과 지지를 통해 아이는 주인공이 되고 싶은 욕구를 충분히 채워 갑니다.

세 번째 욕구는 자신의 욕망과 감정을 침해받지 않고 싶어 하는 욕구입니다.

아이들도 나름대로의 수준에서 어른처럼 자신만의 욕망과 감정이 있습니다. 하지만 어른들은 그런 것에 일일이 신경 쓸 필요가 없다고 생각합니다. '어린 아이인데 뭘 그렇게까지….'라고 생각하지요. 그러나 어린 아이도 자신의 욕망과 감정을 매우 강하게 느낍니다. 자신의 감정이 침해받았을 때 어른과 똑같은 불쾌감과 수치심 등 부정적인 감정들을 느끼게 됩니다.

나는 동네 슈퍼마켓의 검정고양이가 무서워서 꼼짝 못하겠는데 엄마는 그 조그만 고양이가 뭐가 무섭냐고 그냥 지나가자고 당깁니다. 오히려 남자가 뭐 그런 걸 무서워하냐고 고양이에게 가까이 데리고 가서 머리를 쓰다듬어 보라고 시킵니다. 부모의 이런 행동은 엄격히 말하면 아이의 감정을 부정하는 일일 뿐만 아니라 아이의 감정세계를 존중하지 않고 침범하는 것입니다.

친구와 함께 태권도학원을 다니고 싶은데 수학학원을 강제로 보낸다거나, 체육대학을 가고 싶은데 경영대학을 가라는 식으로 지속적으로 부모의 선택을 강요하면, 아이는 큰 좌절과 분노가 깃들게 됩니다. 나에게 존재하고 있는 욕망이나 감정이 침해받는다면, 좌절과 절망을 경험하는 것은 당연한 일이겠지요. 5분특별놀이에서는 아이가 자기 마음대로 놀 수 있습니다. 위험하거나 공격적, 패륜적인 행동을 제외하고는 자신의 생각과 욕구, 감정을 그대로 노출하는 것이 허용됩니다. 부모는 어떠한 침해나 비난도 하지 않고 아이의 욕구를 있는 대로 충족시켜 줍니다.

하루 5분씩만 마음먹고 여러분의 아이에게 투자한다면, 여러분의 자녀는 어른이 되어서 마음이 힘들어서 상담실의 문을 노크하지는 않을 것입니다. 아뇨, 그 정도가 아니라 자신을 스스로 행복한 사람이라고 여기게 됩니다. 이것은 몇 백 억의 유산보다 훨씬 더 값진 유산이 될 것입니다.

5분특별놀이:
5 Do Skill & 3 Do Not Skill

이미 설명한 대로 특별이라는 이름을 붙인 이유가 있습니다. 기억하시나요? 평소에 부모들이 별로 사용하지 않거나 어쩌다 한 번 사용하는 상호작용스킬을, 5분 내내 지켜 행해야 하기 때문에 '특별'입니다. 이때 부모가 아이에게 '해야 하는 Do Skill'과 '하지 말아야 하는 Do Not Skill'이 있습니다.

상담시간에서 부모들과 아이들이 노는 모습을 관찰하다 보면, 많은 부모들이 하지 말아야 할 Do Not Skill을 지나칠 정도로 많이 사용하고 있는 것이 보입니다.

상담실을 처음 방문했을 때 아이와 부모님이 노는 모습을 동영상으로 찍어 놓고 마지막 시간에도 동영상을 찍는데, 나중에 비교를 해 드리면 부모님들이 스스로도 깜짝 놀라시며 "어머나, 제가 저랬나요? 세상에~ 어쩌니. 그땐 정말 몰랐어요."라고 말합니다. 물론 본인들도 그게 어떤 영향을 미치는지 모르고 행동한 것이었지만, 마음이 철렁하고 아이들에게 미안한 마음이 든다고 합니다.

* 5 Do Skill (해야 하는 기술 5가지)

Do Skill에는 '행동중계하기' '구체적으로 칭찬하기' '따라하기(언어, 표정, 행동 등)' '공감하기' '격려하기'가 있습니다.

① 행동중계하기

행동중계하기는 아나운서가 스포츠 중계를 할 때처럼 부모가 아이의 행동을 보이는 대로 하나하나 말로 묘사해 주는 스킬입니다. 축구 선수가 경기할 때를 상상해 봅시다. 아나운서는 축구선수의 행동을 일일이 중계합니다. "지금 박지성 선수가 단독 드리블을 하고 있습니다. 스페인 선수를 한 명 따돌렸습니다. 아, 왼발로 슛!" 이런 식이지요. 아나운서는 자기가 원하는 대로 선수를 바꾸려고 강요하지 않습니다. 옳고 그른 것에 대해 판단할 필요도, 무슨 말을 해야 할지 생각할 필요도 없습니다. 객관적으로 눈에 보이는 대로 묘사를 해 줄 뿐입니다.

아이가 블록을 쌓으면서 놀고 있습니다.

"예준이가 빨간 블록을 쌓고, 이제 파란색 블록을 찾아서, 어 빨간색 블록 위에 놓고 있구나." "예준이가 또 뭔가 열심히 찾고 있어요. 블록 아래를 들여다보고 고개를 갸웃거리기도 하고…." 이렇게 아이가 행동하고 있는 것을 부모가 지속적으로 말하며 아이가 관심을 받고 있다고 느끼도록 해 줍니다.

"거기는 안 맞잖아. 애는 모양이 같은 곳에 꽂아야지. 엄마는 딱 봐도 틀리구만." 이런 식으로 비난하지 않고 "그건 그렇게 놓으면 안 되지."라고 평가하지도 않고, "아, 창문은 네모로 달아야지." 가르치려고 하지도 않고 그냥 아이가 하는 그대로 묘사만 합니다.

　　무엇을 말해야 하나 어렵게 생각할 필요가 없습니다. 그냥 눈에 보이는 대로 얘기하는 거예요. 그게 바로 수용입니다. 아이가 하는 행동을 그대로 받아 주는 것이지요. "어 지영이가 빨간색 크레파스로 동그란 거 그리고 있네? 그리고 이제 노란색으로 옆에 뾰족뾰족 그리고. 어? 그리고 이제 까만색으로 뭔가 줄을 긋고 아~ 해바라기를 그렸네. 빨간색 해바라기를 그렸구나." 이런 식으로 말하기만 하면 충분합니다.

　　뭔가를 해 주겠다는 참견이나 생각 없이, "나는 너에게 관심이 많고 지금 네가 놀고 있는 것에 제어를 가하지 않는다."를 표현해 주는 겁니다.

　　다시 말하지만 특별놀이의 목적은 수용과 지지입니다. 아이가 어떤 행동을 하면서 놀든지 그것을 말로 표현해 주면, 아이의 행동에 대해 "엄마(아빠)는 괜찮아. 좋아, 오케이."라고 수용하고 있다는 느낌을 전달합니다. 특히 '서준이가~'처럼 직접 이름을 불러 주면, 아이는 '나'를 수용한다는 느낌을 더욱 강하게 받게 됩니다.

　　"토끼가 예쁘구나."라고 말하는 것보다는, "우리 이서가 토끼를 예쁘게 그리고 있구나."라고 말하는 것이 더 좋습니다. 그러면 아이는 '엄마는 내가 하는 일을 수용한다. 내가 하는 일을 좋아한다. 엄마가 내가 하는 일을 관심을 가지고 보고 있다.'는 것을 더 직접적으로 느끼게 됩니다.

만약 아이가 코끼리의 코를 짧게 그렸다고 해서 "어머 이 코끼리 코는 왜 이렇게 짧아. 코끼리는 원래 코가 길기 때문에 코끼리야. 코끼리아저씨 노래를 생각해 봐. 코를 길게 다시 그려 봐." 이런 식으로 하면 안 된다는 겁니다. 그냥 "우리 지영이가 코끼리 코를 짧게 그렸구나." 말하고 나서, 아이가 그것에 대해서 다시 설명하기를 기다립니다. 표현이 안 되는 아이는 "응." 하고 짧게 말하겠지만 표현이 되는 아이는 "이 코끼리는 코가 짧아. 아직 아기라서 코가 안 자랐어." 또는 "이 코끼리는 아픈 코끼리야. 그래서 코가 짧아. 병원에 가야 될 것 같아." 이렇게 상상의 나래를 펼칠 수도 있는 것이죠.

아이가 블록을 삐뚤삐뚤 쌓고 있습니다. "음~ 우리 유하가 삐뚤삐뚤 재밌게 블록을 쌓고 있구나." 그렇게 말해 주면 되는데, "그렇게 하지 마. 그러면 또 쓰러지잖아. 제대로 쌓아야지."라고 말하거나, 헬리콥터 자리에 자동차를 주차했을 때처럼 "자동차를 잘못된 자리에 주차했구나." 이런 식으로 행동중계를 한다면, 아이는 '아 엄마가 또 잔소리를 하는구나.' 생각을 합니다. 아이의 마음속에는 늘 자신의 행동에 대해서 부모가 어떻게 생각할지에 대한 걱정이나 불편한 감정이 자리 잡게 됩니다.

아이가 헬리콥터 자리에 자동차를 주차하든 오토바이를 주차하든 관계없이 "우리 유하가 헬리콥터를 주차했구나."라고 하면, 아이는 "내가 아무데나 내 마음대로 주차해도 괜찮구나."라고 생각하면서 점차 부모의 눈치를 보지 않고 주체적으로 자신감 있게 행동하게 됩니다.

이게 바로 행동중계하기의 효과이고 수용의 효과입니다.

좋은 행동중계의 예를 들자면,

"우리 유정이가 레고를 옆으로 삐딱삐딱 재밌는 모양으로 꽂았구나. 그 위에 빨간색을 꽂고 있네."

"이제 소은이가 당근을 열심히 자르고 있구나."

"우리 유은이가 또 이파리를 그리네. 어, 네 번째 이파리
는 노란색으로 칠하는구나."

"사자네 울타리에 토끼가 놀러갔구나."

이럴 때 아이들은 더욱 즐겁게 놀면서 부모를 좋아하게
됩니다.

이렇게 아이가 놀이를 주도하도록 도와주고, 관심을 보
이면 좋은 효과도 많이 따라옵니다. 언어 구사력도 높아
지고, 자신이 하는 행동에 대해 생각하게 되면서 자연스레
집중력이 향상되기도 합니다. 실제로 PCIT 치료현장에서
ADHD 아동들에게 '행동중계하기'를 시행한 결과 집중력
향상의 효과가 입증된 연구 논문이 많습니다.

부모가 놀이 행동을 하나하나 묘사해줄 때, 그 하나하나
의 말로 인해 아이는 활동에 더욱 집중하게 되어서 산만함
이 덜해집니다. 연구 결과 실제 부모와 5분특별놀이를 해
온 아이들이 혼자 놀 때에도 부모가 자신에게 해준 것처럼
혼잣말로 자신의 놀이를 묘사해 가면서 집중을 유지하기
도 했습니다.

– 행동중계하기 (5분특별놀이)

스킬	아이가 행동하고 있는 것을 눈에 보이는 그대로 아나운서가 경기를 중계하듯이 말하는 기술
효과	– 아이가 놀이의 주인공이 된다. – 아이의 행동에 대해 부모가 우호적임을 알려 준다. – 초기 학습의 개념을 가르친다. – 바람직한 언어사용과 언어구사력을 높인다. – 집중력을 길러 준다. * 의성어나 의태어를 사용하면 더 재미있는 놀이가 된다.
예	– 우리 온유가 기차를 길게 연결하고 있구나. – 우리 진우가 이번엔 어떻게 할까 고민하고 있구나. – 우리 민준이가 동글동글 동그라미를 그리는구나.

참조: 참고도서 3번 Parent–Child Interaction Therapy Integrity Checklists and Session Materials Version 2.10

유치원을 다녀온 아이가 평소에는 신발을 휘익 벗어 던지고 들어왔는데, 오늘은 신발을 가지런히 얌전하게 벗어 놓고는 가방도 방에 놔두고 공손하게 "다녀왔습니다."라고 인사까지 했습니다. 이럴 때 여러분은 평소 아이에게 어떻게 칭찬을 하나요? 한번 써 보세요.

아이에게 "잘했어." "음~ 좋았어." "와, 착하네." 또는 엄지손가락을 치켜드는 행동(엄지척)은 일반적인 칭찬입니다. 일반적인 칭찬을 들으면 아이의 기분도 좋고, 칭찬해 주는 사람과의 관계도 좋아지게 마련입니다. 그러나 이러한 칭찬은 가장 기본적인 것입니다. 한 걸음 더 나아가서 아이의 나쁜 행동을 줄이고 바람직한 행동으로 유도하는 것까지 염두에 둔다면, 평소에 '구체적인 칭찬하기'를 많이 해 주는 것이 좋습니다.

예를 들어,

"와 '우리 보라'가 '신발을 가지런히' 벗어놨네. 진짜 잘했다."

"와 '우리 보라'가 '두 손을 예쁘게 배에 올리고 공손하게' 인사를 하네. 야! 진짜 인사 잘하는데."

즉 아이가 바람직한 행동을 했을 때 '구체적으로' 행동을 짚어 주면서 칭찬하는 것입니다. 이렇게 하면 아이와 관계도 좋아질 뿐만 아니라, 아이의 나쁜 행동을 교정하는 데도 큰 도움이 됩니다. 특히 고치고 싶었던 나쁜 행동과 반대되는 행동을 했을 때 칭찬을 듬뿍 해 줍니다.

책의 앞머리에서 만났던 뛰어다니다가 커피 잔을 엎지르고 엄마한테 혼났던 아이의 상황을 다시 보겠습니다. 이 아이는 뛰어다니는 일이 습관이 된 아이입니다. 그런데 어느 날, 어쩌다가 뛰지 않고 얌전하게 걸었다면 여러분은 어떻게 할 것입니까?

대부분의 부모님들은 아무 말을 하지 않습니다. 걷는 게 당연하다고 생각하니까요. 그러나 이럴 때일수록 칭찬이 필요합니다.

"야~ 우리 '진우가' '얌전하게' 걷네. 1층집 아줌마한테 이제 우리 진우 얌전히 걷는다고 자랑해야겠다."

구체적 칭찬이 반복되면 아이는 자부심을 느끼게 되고, 칭찬받는 것이 좋아서 칭찬받는 행동을 더 많이 하게 되고 좋지 않은 행동을 고치려는 의지를 발휘하게 됩니다. 또 '엄마아빠가 내가 하는 행동에 찬성해 주는구나.'라고 생각하니 부모와의 관계도 든든해집니다.

항상 야단만 맞는 아이는 자신감이 없어서 다음 단계로 올라설 수 있는 심리적 지지대가 없습니다. 나쁜 버릇을 고치기가 어렵고 혼을 내 봤자 자존감만 낮아집니다. 그렇기에 평소 하던 나쁜 버릇이 잠깐 사라졌을 때 칭찬을 많이 해 주어야 합니다. 자존감도 높여 주고 좋은 행동을 많이 하도록 유도해 주니 일석이조입니다.

우리가 화분을 창가에 두면 어느 쪽을 향해서 꽃나무가

자라나지요? 해가 있는 쪽을 향해서 자라죠. 이것을 식물의 굴광성이라고 합니다. 저는 이와 비슷한 원리로 인간에게는 '굴칭찬성'이 있다고 말하고 싶습니다. 어떤 하나의 행동에 대하여 칭찬을 반복하면 그 행동이 증가하게 되니까요. 그래서 우리가 5분특별놀이에서 해야 되는 스킬 중 하나가, 구체적인 칭찬을 해 주기입니다. 놀이를 하면서도 칭찬을 해 줄 기회는 많습니다. 자기가 아끼는 장난감을 엄마에게 나누어 줄 때 "우리 다영이가 좋아하는 장난감을 엄마에게 빌려주는구나. 고마워."라고 칭찬해 줍니다. 그 외에도 "장난감을 살살 다루는 걸 보니 우리 아들이 다 컸네." 등을 말할 수도 있습니다. 아마 평소에 많이 사용하는 기술이라서 그렇게 어렵지 않게 할 수 있을 것입니다.

칭찬이 중요하다는 것은 이미 많은 부모들이 알고 있습니다. 칭찬에 대한 효과도 널리 알려져 있고, 『칭찬은 고래도 춤추게 한다』는 책은 베스트셀러가 되기도 했습니다. 그런데 잠깐, 여기서 우리가 간과하면 안 되는 것이 있습니다. 칭찬에는 득이 되는 칭찬이 있는가 하면, 독이 되는 칭찬도 있다는 것입니다. 독이 된다는 것은 아이가 그 칭찬을 받았을 때 칭찬의 효과를 보지 못하고 오히려 나쁜 부작용을 가질 수 있다는 의미입니다. 그럼 독이 되는 칭찬에는 어떤 것이 있는지 잠깐 짚어 보고 가겠습니다.

▷ 비교하는 칭찬은 하지 마세요!

아이가 그림을 그리는데 색칠을 너무 잘했습니다. 그럼 엄마가 "와 우리 채우 색칠을 너무 잘했네? 엄마는 그렇게 못하는데. 엄마보다 훨씬 잘했네?" 또는 "와~ 누나는 색깔 그렇게 깔끔하게 못하는데 우리 채우는 더 잘 칠하네~"라고 합니다.

일반적으로 많이 사용하는 칭찬입니다. 그러나 이런 칭찬은, 아이가 가진 장점을 절대적으로 칭찬해 주는 것이 아니라 누군가와 '비교'를 해서 칭찬하는 것이기 때문에 아이는 비교되는 가운데서 우월감을 느끼게 됩니다.

이런 칭찬을 자주 받게 되면 이 아이는 누군가와 비교해서 더 나았을 때만 인정을 받는다고 생각하게 됩니다. 자신의 장점도 절대적으로 보지 못하고 상대적으로 보게 됩니다. 오히려 자존감이 낮아집니다.

누구와 비교했을 때 완벽하게 우월한 사람이 어디 있겠습니까? 어떤 것을 잘하면 또 다른 어떤 것은 못하는 게 당연하겠지요. 비교하는 것은 인간에게 있어서, 가장 비참한 자기 존재 인식입니다. 그래서 비교 칭찬은 득보다는 독이 될 수 있습니다.

"엄마보다 더 잘하네. 누나보다 더 잘하네. 그래서 참 대단하다."라는 말 대신에, "와 어쩜 채우는 색깔을 이렇게 멋있게 잘 칠하는지 신기하구나. 와 진짜 너는 솜씨가 참 좋구나." 또는 "와~ 우리~ 채우는 어쩜 이렇게 색깔을 잘 섞어서 칠할 수 있는지 멋지네. 엄마가 너 멋진 실력이 자랑스러운걸~" 이렇게 아이의 장점을 누구와도 비교하지 않고 그 자체로 칭찬합시다.

▷ 결과보다는 과정에 대해 칭찬해 주세요!

아이가 학교에 들어가서 체육 시간에 줄넘기를 했는데, 자기 반에서 최고로 많이 했습니다. 너무 기분이 좋아서 "엄마 엄마, 나 줄넘기 우리 반에서 1등 했어!" 이렇게 얘기합니다. 그 아이는 엄마와 하루에 30분씩 일주일 내내 연습을 하여 1등을 한 것입니다. 엄마가 "와 1등 했어? 진짜 우리 민혁이 대단하다. 1등 했단 말이지? 우리 민혁이 줄넘기 대장 됐네. 1등 기념으로 엄마가 피자 사 줄 거야. 그리고 아빠한테도 전화해야겠다." 이렇게 말하면 아이가 기분이 매우 좋겠지요.

그런데, 그 아이가 다음번에는 리코더를 연습해서 테스트를 봤다고 합시다. 아이는 줄넘기 때와 마찬가지로 일주일 내내 열심히 연습을 했습니다. 그런데 막상 테스트에서 3~4등, 또는 그보다 더 못한 결과를 얻었습니다.

그랬을 때 엄마가, "아유 그것밖에 못 했어? 섭섭하겠네, 어떡하니? 괜찮아. 그런데 1등은 누가 했어?" 이런 식의 반응을 한다면, 줄넘기 때랑 똑같이 열심히 노력했는데 1등을 했을 때와 다르게 칭찬을 못 받게 된다면, 이 아이는 앞으로 과정보다는 결과만을 생각하게 될 가능성이 있습니다. 그래서 1등이 아니면 지레 기가 죽거나 주눅이 들어서 결과에 대해 말하는 것을 꺼려할 수도 있습니다. 결과를 강조하다 보니 자기가 열심히 노력한 것에 대한 칭찬이나 보상이 없음에 실망하고 좌절을 경험하게 됩니다.

그러면 이 상황에서는 어떻게 하는 것이 좋을까요?

일등을 해 왔다면, "우리 서정이가 줄넘기에서 1등 했어? 와 진짜 잘했네? 엄마도 기분이 너무 좋아. 네가 일주일 동안 엄마랑 땡볕 아래에서 계속 연습했잖아. 하기 싫은데도 참고 더운데도 참고 네가 그렇게 열심히 노력한 게 엄마는 진짜 자랑스러워. 그때 이미 네가 훌륭한 아이라는 걸 알았어." 이렇게 과정에 더 비중을 많이 둔 칭찬을 합니다.

과정에 대한 칭찬을 많이 받은 아이는 다음번에 리코더를 부는 시험을 봤을 때 만족스럽지 않은 결과라도 좌절하지 않습니다. 쿨하게 "엄마, 나 통과했어요. 그런데 7번째로 통과했어."라고 합니다. 그럼 엄마도, "어 그래? 잘했네. 그래도 섭섭한 마음이 들겠구나. 네가 얼마나 열심히 연습했는데…. 그렇게 연습한 것만으로도 너는 칭찬받을 만하다고 생각해. 그런 우리 딸이 너무 보기 좋고 대견해. 오늘 저녁에 뭐 먹고 싶니?" 부모가 이렇게 반응한다면, 그 아이는 자기가 노력한 것을 인정받았기 때문에 결과에 일희일비하지 않고 앞으로도 계속 노력할 것입니다.

▷ 변화 가능한 대상들에 대해서 칭찬하세요!

"아유 우리 수아는 머리가 너무 좋아. 어쩜 잠깐 공부했는데도 그렇게 머리가 좋아? 세상에." 혹은, "우리 수빈이는 너무 예쁘게 생겼어. 이렇게 예쁘게 태어난 건 진짜 복이야." 이런 식의 칭찬은, 물론 들으면 기분은 좋겠지만 아이가 노력해서 얻은 것이 아니기 때문에 아이의 진정한 성장에는 도움이 덜 됩니다. 선천적인 것, 타고난 것은 노력에 의해서 변하거나 결정되기 힘듭니다. 선천적으로 타고난 것을 칭찬했을 때 아이들은 노력에 대한 가치를 간과할 수 있습니다. 그리고 그것을 가지고 있지 않은 사람은 자신보다 부족하고 못난 사람이라고 생각할 수도 있습니다. 그러므로 타고난 것보다는 노력해서 발전해 나갈 수 있는 것에 대해 칭찬해 주는 것이 좋습니다.

이런 상황이라면 여러분은 뭐라고 칭찬하겠습니까?

– 아이가 혼자서 신발을 신느라 한참 동안 끙끙댑니다. 겨우 신었나 싶었는데 양쪽을 바꿔 신었습니다.

– 같이 숙제를 시켰는데 형은 절반도 못 하고 놀고 있는데 동생은 다 끝내고 엄마에게 검사를 받으러 왔습니다.

– 구체적으로 칭찬하기 (5분특별놀이)

스킬	아동의 행동에 대해 막연하게 "잘했어!"라고 칭찬하는 것이 아니라 행동에 대해 구체적으로 언급하며 칭찬하는 기술
효과	– 아이의 자존감이 높아진다. – 부모에 대해 좋은 이미지를 갖게 된다. – 아이와 부모의 관계가 좋아진다. – 칭찬받은 행동이 증가한다. 　(행동 수정의 효과가 있다) * 일반적인 칭찬은 아이의 기분을 좋게 하여 부모와의 관계를 원활하게 하고, 구체적인 칭찬은 행동수정의 효과까지 있다.
예	– 우리 주영이가 노랑색 레고로 창문을 아주 잘 만드는구나. – 우리 현서가 나무에 달린 사과를 탐스럽게 잘 그렸구나. 그림솜씨가 아주 좋은걸~ – 장난감을 조심스럽게 잘 다루는 걸 보니 정말 훌륭하구나.

참조: 참고도서 3번 Parent–Child Interaction Therapy Integrity Checklists and Session Materials Version 2.10

③ 언어, 표정 행동 따라 하기

아이가 꼭 끼워진 블럭 조각을 갖고 놀다가 잘 안 빠져서 힘을 주면서 애를 쓰고 있습니다. 그런데 옆에 있던 엄마나 아빠는 웃고 있습니다. 이때 아이는 어떤 느낌이 들까요? 나는 힘든데 옆에서 부모님이 웃고 있으면 "뭐가 그렇게 좋지?"라며 불편한 감정이 생길 수 있습니다.

아이가 소방차를 들고 "애애앵~~" 하면서 사이렌 소리를 냅니다. 이때 부모도 아이를 자세히 관찰하다가 소방차를 하나 들고 "아빠 소방차도 애앵~~" 따라 해 주는 게 따라 하기 또는 반영하기입니다.

"애앵~" 하며 말도 따라 하고, 행동도 따라 합니다. 아이가 인상을 쓰면서 "이얏!!" 하면, 부모도 아이의 표정을 따라 하면서 "이얏!!" 해 줍니다.

아이가 종이에 동그라미를 그리면 역시 동그라미를 그리면서 "나도 동그라미를 그리는 중이야."라고 말해 줍니다.

이때 아이의 잘못된 발음이나 유아적인 발음까지 그대로 따라 할 필요는 없습니다. 아이는 제대로 된 언어를 배워 가는 과정에 있기 때문에, 잘못된 발음으로 이야기할 때는 그 단어의 정확한 발음을 들려주시는 게 좋습니다. 예를 들면 아이가 "아이뜨끄님 따데요."라고 말했다면 엄마는 "맛있는 아이스크림 사세요~"라고 발음을 교정해서 따라 해 주면 됩니다.

아이의 뇌는 아이스크림이라는 단어를 정확히 인지하고 있지만 아직 혀의 기능이 미숙하기 때문에 '아이뜨끄님'과 같이 유아어로 말하게 됩니다. 즉 '아이뜨끄님'이라고 말하면서 자신은 정확히 '아이스크림'을 말한다고 생각합니다, 이때 엄마가 '아이뜨끄님'을 그대로 따라 해 주면 아이스크림의 진짜 발음이 '아이뜨끄님'이라고 여기게 됩니다. 그렇게 되다 보면 언어 발달이 느릴 수도 있고 커서도 발음이 잘못된 채 말하게 되기도 합니다. 그러니 이 부분은 유의해서 따라 해 주세요.

다시 본론으로 돌아와서, 아동심리학자들이 말하기를, 유아기 아이들은 누군가가 자기를 따라 할 때 '환희'를 느낀다고 합니다. 그러니 내가 좋아하는 엄마아빠가 나를 따라 해 주면 얼마나 행복을 느끼겠습니까? 아이는 부모가 자신에게 관심을 보이는지 아닌지 다 압니다. 충분한 관심을 받는다고 느끼면 '놀이는 재밌는 거구나' 하면서 자신이 수용받고 있음에 만족합니다.

이렇게 상호작용을 통해 자연스레 언어/비언어적인 부분까지 소통함으로써 소통의 효과가 극대화됩니다. 부모가 아이를 모방하는 것처럼, 아이도 부모를 모방하여 긍정적인 행동을 유도할 수 있는 발판이 마련됩니다. 실제로 이 교육을 받은 부모의 자녀들이 엄마가 5분 놀이에서 해 준 것을 그대로 동생에게 해 주어서 놀랐다는 경험담을 많이 듣습니다.

우리의 의사소통은 표정이나 행동 등 비언어적인 것이 70~80%, 말, 말투, 목소리 톤 등 언어적인 것이 20~30%라고 합니다. 생활에서 그만큼 비언어적인 요소가 중요하다는 것입니다. 부모의 표정이나 행동은 아이를 주눅 들게 할 수도 있고, 안정되게 할 수도 있습니다. 그래서 말뿐만 아니라 행동이나 표정까지도 따라 해 줌으로써 아이에게 사랑을 표현합니다.

– 따라 하기 (5분특별놀이)

스킬	아이의 언어는 물론 비언어적 표현인 표정, 행동(아이가 갖고 노는 장난감을 따라서 갖고 놀기)까지 따라 해 보는 기술
효과	– 언어, 비언어적인 부분까지 소통함으로써 소통의 효과를 극대화한다. – 부모가 아이를 따라 하는 강력한 리액션을 통해 아이에게 놀이의 즐거움을 준다. – 아이가 놀이의 대화를 주도하도록 한다. – 부모가 아이의 놀이를 수용하고 있다는 것을 알려 주어 친밀감이 향상된다. – 부모의 관심을 전달한다. – 부모가 아이에게 했던 것처럼, 부모가 하는 것에 대한 아이의 모방을 유도한다. – 아이의 언어구사력을 향상시킨다. * 아이들은 누군가 자신을 따라 할 때, 특히 자신이 좋아하는 사람이 따라 할 때 환희와 같은 강한 기쁨을 느낀다.
예	아이: (뒤적이며) 빨강색 자동차가 어딨지? 엄마: (따라 뒤적이며) 빨강색 자동차가 어디에 있더라? 우리 유정이가 빨강색 자동차를 찾고 있는데…. 아이: 소방차가 삐용삐용~ 엄마: 삐용삐용~

참조: 참고도서 3번 Parent–Child Interaction Therapy Integrity Checklists and Session Materials Version 2.10

아이가 삐뚤빼뚤 레고를 쌓다가 와르르 무너졌어요. 이럴 때 공감해 주려면 어떻게 해야 할까요? "어이쿠, 우리 다영이 속상하겠네." "애써서 쌓았는데 무너져 속상하겠구나."라고 합니다.

이때 아이를 격려한다고 "괜찮아. 다시 쌓으면 되지. 엄마가 쌓아 줄게."라고 하는 것보다는, "괜찮아. 다시 쌓으면 되지. 엄마가 지켜봐 줄게."라고 하는 것이 좋습니다. 그러나 아이가 부모에게 쌓아달라고 도움을 요청을 할 때엔 성의를 가지고 도와줍니다.

아이의 모든 것을 대신해 주지 말고, 스스로 하는 것을 지켜봐 줌으로써 아이는 독립심을 기르고 실패에 대한 두려움을 극복하게 됩니다. 또 부모가 자기의 마음을 알아주고 위로해 주는 것을 느끼게 되면, 역시 '엄마 아빠는 나를 좋아해.'라는 생각이 들겠지요? 그렇게 관계가 좋아지고, 부족한 자신에 대해 수치스럽다거나 자신감을 잃는 것이 아니라 당당한 아이로 자라나는 선순환이 이루어집니다.

아이가 장난감 자동차를 가지고 재밌게 놀고 있습니다. 트럭과 버스를 너무 세게 충돌시키는 바람에 그만 트럭의 바퀴가 빠져 버리고 말았습니다. 아이가 당황해하면서 울먹입니다. 어떻게 말해야 할까요?

5분 동안 부모는 끊임없이 말로 표정으로, 행동으로 5 Do Skill을 지켜가면서 아이와 함께 놀아 줍니다. PCIT 논문에 의하면 이 훈련을 통해 말이 늦는 아이들이 말을 빨리 하게 되고, 우울한 성향이 많은 엄마도 우울도가 많이 낮아졌다고 합니다. 계속 아이에게 긍정적으로 표현해 주다 보니까 엄마도 즐거워진 것이지요. 누군가와 공감하고 칭찬하면서 친절하게 반응하는 것은 그 자체로 즐거운 일입니다.

위에 제시된 5 Do Skill들은 어려운 것이 아닙니다. 우리가 평소에 잘 행하지 않기 때문에 시작하는 것이 어렵게 느껴질 뿐입니다.

그러나 부모의 성격상 아이에게 이렇게 직접적으로 표현하는 것을 쑥스러워하거나 부담스러워하는 부모들도 간혹 있습니다. 아마 이 책을 읽는 분들 중에서 "좋은 방법들이긴 한 것 같은데 저걸 내가 잘할 수 있을까?"라는 생각이 든다면 용기를 내십시오. 누구나 처음부터 시작합니다. 자꾸 하다 보면 저절로 잘되는 것이지 처음부터 노련한 사람은 없습니다. 본격적으로 특별놀이를 시작하기 전에 평소 생활에서 아이들에게 지나가는 말로 슬쩍슬쩍 연습 삼아 해 보는 것도 도움이 됩니다.

식탁에 앉아서 밥을 먹는 아이를 보면서 "아이구 우리 아들이 오이를 아주 맛있게 사각사각 씹어 먹는구나. 생선뼈도 잘 발라 먹고 골고루 잘 먹는 걸 보니 대견하네." 이런 식으로 행동중계하기와 구체적인 칭찬을 함께 연습해 보면 실제 특별놀이시간이 한결 쉬워지리라 생각합니다.

▷ 아이의 행동보다 감정을 먼저 알아차려 언어로 표현해 줍니다. 이때 안아 주거나 등을 토닥여 준다거나 손을 꼭 잡아 주는 스킨십을 하면 더 효과적입니다.

▷ 아이의 행동에 대해 "잘한다/못한다"보다는 "열심히 하고 있구나.", "노력하고 있구나.", "힘들지만 잘 참고 하는구나."와 같은 말을 사용합니다.

▷ 일의 결과보다는 과정에 더 초점을 두어서 말해 줍니다. "노력을 많이 했는데 생각처럼 되지 않아서 속상하겠구나. 그래도 노력한 만큼 너는 성장한 거야."

▷ 언어적 표현

· 엄마는 우리 강은이가 엄마 딸이라는 게 기쁘고 자랑스러워.

· 우리 은우가 줄넘기 하는 걸 봤는데 진짜 열심히 하더라. 의지가 강해서 뭘 해도 끈기 있게 하는 게 대단해.

· 유치원(학교) 잘 다녀왔어? 오늘은 우리 유민이가 유난히 보고 싶었어.

· 두부튀김 맛있지? 우리 수빈이가 맛있게 먹을 모습을 상상하면서 엄마가 정성들여서 만들었어.

– 공감하기 & 격려하기 (5분특별놀이)

스킬	공감하기: 아이의 감정을 읽어 주고 표현하고 함께 느껴 주는 기술. 격려하기: 아이가 실수했을 때 또는 실패했을 때 나무라지 않고 상심한 아이의 감정을 읽어 주고 새로운 기회를 위해 다독여 주는 기술.
효과	– 공감을 통해 아이는 부모가 자기와 한편임을 확인하여 관계가 좋아진다. – 실패에 대한 두려움이 없어진다. – 스스로에 대해 수치심을 덜 느낀다. – 자신감 있는 아이, 당당한 아이로 자란다. * **공감이나 격려를 해 줄 때에는 스킨십도 함께 해 주면 효과가 더 크다.**
예	아동: (아픈 강아지를 보고 슬퍼한다) 엄마: 우리 선빈이가 강아지가 아파서 마음이 슬퍼졌구나. 너가 우니까 엄마도 마음이 아프구나. ------ 아이: (구슬 꿰기를 하다 잘못해서 다 빠져 버렸다) 엄마: 아이고~ 구슬이 다 빠져 버렸구나. 열심히 끼웠는데 우리 유은이 속상하겠다. 괜찮아. 다시 끼우면 되지, 뭐. 엄마도 어릴 땐 자주 그랬어.

* 3 Do Not Skill (하면 안 되는 기술 3가지)

5분특별놀이 중 '해서는 안 되는' 세 가지 스킬은 명령하기, 명령으로 느껴지는 질문하기, 부정적인 말이나 행동하기(비난, 비아냥거리기 등)입니다.

'해야 하는' Do Skill이 아이가 부모로부터 사랑과 안정감을 느끼도록 도와주는 것이라면, '하지 말아야 하는' Do Not Skill은 통제받는 느낌, 비난받는 느낌, 수용받지 못하는 느낌 등을 갖게 하는 좋지 않은 반응들입니다.

Do Skill은 평상시에도 사용한다면 더욱 좋습니다. 반면 Do Not Skill의 경우, 특별놀이 때는 사용해선 안 되지만, 일상생활에서까지 사용하지 않기는 힘듭니다. 5분특별놀이 시간은 아이들을 지지하고 수용하는 시간이므로 자칫 명령이나 질문이 이 목적에 걸림돌이 될 수 있기 때문에 사용하지 않지만, 평상시 자녀 양육 과정에서 명령이나 지시를 하는 것은 당연하며, 질문도 자녀와의 대화에서 상당히 중요한 소통법 중의 하나입니다. 그러니 평상시에는 질문 투의 대화도 좋습니다. 그러나 아이들에게 행동이나 말로써 부정적인 메시지를 전하는 것은 일상생활에서도 삼가는 것이 좋습니다.

① 명령하지 않기

아이가 토끼를 그리고 있습니다. 그런데 돼지처럼 귀가 작은 토끼를 그리고 있다면 여러분은 아이에게 무슨 말을 해 주고 싶을까요?

부모가 아이와 함께 놀 때 잠깐만 관찰해 봐도 Do Skill 보다 Do Not Skill을 비교도 안 될 정도로 많이 사용하는 것을 알 수 있습니다. 상담실에 부모와 자녀가 오면 제일 먼저 하는 작업이 두 사람이 함께 노는 모습을 10분 정도 동영상으로 녹화를 하는 일입니다. 그 10분 안에 몇 번의 명령을 내렸는지 세어 보면 부모들 스스로가 깜짝 놀랍니다. "어머, 온통 내가 명령한 것뿐이네요."라고 말하기도 합니다.

부모는 아이들과 놀 때 명령을 정말 아주 많이 합니다. 아이가 나무 블록을 쌓고 있는데 비틀비틀하게 쌓고 있습니다. 이렇게 쌓으면 조금만 높이 쌓아도 금방 무너질 것만 같습니다. 이때, 여러분은 아이에게 어떻게 말하십니까?

"똑바로 쌓아! 그래야 무너지지 않지."
"똑바로 쌓아." 이것이 바로 명령입니다.

"나는 교회를 만들 거야." 아이가 레고로 교회를 짓고 있습니다. 그래서 부모는 교회 종탑의 삼각형 모양 지붕을 생각하고 있었습니다. 그런데 아이가 동그란 모양의 블록을 찾아서 지붕으로 올립니다. 그러면 "교회 지붕은 뾰쪽한 삼각형을 올려야지. 삼각형 찾아 봐."라고 말하는 부모가 많지요? 이 역시 명령입니다.

"거기엔 바퀴 모양의 레고를 꽂아야지."
"그건 이제 옆으로 치우고 놀아."
"저쪽 위에 빈 곳에 그리면 되겠네."
"사다리를 똑바로 끼워야 들어가지. 헐렁해서 빠질 거 같은데."
"토끼 귀를 크게 그려야지. 귀가 작은 동물은 돼지 아냐? 귀를 더 길게 그려 봐."

이런 것들이 모두, 놀이 도중에 흔히 볼 수 있는 부모의 명령들입니다.

이런 명령들이 많을수록 아이들은 부모와 함께 노는 것에 흥미를 잃게 됩니다.

놀이라는 것은 자기 마음대로 할 수 있을 때 재미가 있는 것이지 누군가 감 놔라 배 놔라 하면서 훈수를 두면 재미가 없어지는 것입니다.

　아이가 엄마랑 잘 놀다가도 어느 순간 "나 이제 그만 놀래." 또는 "다른 거 가지고 놀 거야." 할 때가 간혹 있죠? 부모가 보기에는 뜬금없어 보이는 행동이지만, 부모가 옆에서 계속 "이렇게 해. 저렇게 해."라고 놀이에 참견했다면 아이 입장에서는 당연한 반응입니다.

　아이가 갑자기 하던 놀이를 멈추거나 다른 놀이를 하겠다고 한 경험이 있다면 부모 자신의 말이나 행동을 주의 깊게 관찰해 보세요. 아마도 지나치게 놀이에 개입하고 간섭했기에 아이가 흥미를 잃었을 것입니다. 결론적으로 말해 놀이의 주도권이 부모에게 있다고 느껴지면 더 이상 아이는 논다는 것이 즐겁지 않습니다. 더 나아가 자신의 의지가 무시당한다는 느낌을 가지게 되어 부모와의 갈등의 원인이 될 수도 있습니다. 불필요한 명령이 많아질수록 불순종의 횟수도 자연스레 늘어나게 되고, 이는 관계의 악화로 이어집니다.

– 놀이 중 명령하지 않기 (5분특별놀이)

내용	아이에게 부모가 원하는 무엇인가를 하도록 지시하는 것.
부작용	– 놀이의 주도권이 부모에게 있다고 느끼게 한다. – 아이가 불순종할 때 갈등을 일으킬 수 있다. * **명령은 꼭 필요할 때만 한다.** 명령이 많을수록 아이는 피로도가 높아져서 말을 듣지 않을 확률이 더 높아진다. 또한 불필요한 명령으로 인해 불순종이 많아지면 관계가 나빠지게 되기 쉽기 때문이다.
예	직접명령: – 저기 있는 파란색 레고를 아빠한테 줘. – 여기에다 나무를 그려. 간접명령: – 누가 더 빨리 쌓나 해 볼래? – 이제 크레용은 넣어 두자.

참조: 참고도서 3번 Parent–Child Interaction Therapy Integrity Checklists and Session Materials Version 2.10

아이가 그림을 그리고 있습니다. 하늘을 파란색이 아니라 빨강색이나 주황색으로 색칠하고 있다면 여러분은 무엇이라고 말하고 싶은가요?

‘명령하기’는 다양한 형태로 표현됩니다. “엄마에게 파란색 레고를 줘.” “이것 좀 봐.” 같은 직접명령부터, “앞쪽부터 붙여 보자.” “큰 거부터 오려 볼래?” 같은 말도 간접

명령으로 포함됩니다. 아이가 불순종하면 갈등이 일어날
만한 질문은 아예 꺼내지 않는 것이 좋습니다.

일상생활에서 질문은 좋은 대화법입니다. 좋은 질문을
통해 창의성, 논리성 등이 계발되기도 합니다. 그러나 특
별놀이시간 때만큼은 하지 않는 것이 좋습니다. 부모가 순
수하게 궁금해서 질문을 한다 하더라도, 받아들이는 자녀
가 순수한 질문으로 받아들일지, 명령으로 받아들일지는
알 수 없기 때문입니다.

제 상담실에 온 아이가 그림놀이를 했습니다. 아이는 뭔
가 고민하는 듯 한참 생각을 하더니 하늘을 주황색으로 칠
하기 시작합니다. 엄마가 그 모습을 보고 있다가 말합니
다. "하늘이 주황색이니?" 그러자 아이가 주황색 크레파스
를 슬그머니 크레파스 케이스에 놓고는 파란색 크레파스
를 잡는 것이었습니다. 놀랍지 않나요?

어머니는 분명히 질문을 한 것이지만, 아이의 행동이 달
라진 것으로 보면 아이는 질문을 명령으로 생각한 것 같지
요? "하늘이 주황색이니?"라는 질문이 아이에게는 "주황
색이 아닌 파란색으로 그리렴."이라고 들린 것이지요.

놀이가 끝난 뒤에 제가 아이에게 왜 하늘을 주황색으로 색칠했는지 물어봤습니다. "언젠가 아빠 차를 타고 가는데 창문 밖 하늘이 빨갰어요."가 아이의 답이었습니다. 아이도 하늘이 파란색이라는 것은 알고 있습니다. 하지만 아빠 차를 타고 가면서 보았던 노을이 지는 붉은 하늘이 인상 깊었기 때문에 그것을 표현했던 것이지요. 그게 바로 인상파 화가들의 그림을 만들어낸 창의성 아닌가요?

그런데 부모가 "하늘이 파란색이다."라고 강요한다면, 아이의 창의성을 싹뚝 잘라 버리는 꼴이 됩니다. 창의성만이 아니라 자존감도 자른 셈입니다. 그림을 그리고 있는데 "왜 그렇게 그리니?"라고 말한다면, 아이는 "내가 뭘 잘못 그렸나?"라고 생각하여 위축됩니다. 아이는 간접적으로 비난받는 마음이 들고 감정이 불편해지면서 놀이의 즐거움이 사라지게 되지요. 더 정확하게 말한다면, 자신을 그렇게 대하는 부모가 불편하고 싫어집니다.

  이 그림은 어느 유치원에 학부모 교육을 하러 갔을 때 한 어머니가 들고 온 아이의 그림입니다. 산을 두 개 그리고 그 앞에 구불구불한 선을 파란색으로 그리길래 엄마가 물어봤답니다.

  "이게 뭐야? 이게 뱀이야?"라고 했더니 아이가, "응, 뱀이야."라고 했답니다. 그러더니 파란색 위에 다른 색을 덧칠을 하더랍니다. 엄마는 5분특별놀이를 잘했다는 뿌듯함으로 기분이 좋았답니다. 그런데 아빠가 퇴근해서 오니까 아이는 자신이 시냇물을 그렸는데 엄마가 뱀이냐고 해서 다시 뱀을 그렸다고 하더랍니다. 어떻게 생각하십니까?

엄마는 순수하게 그냥 궁금해서 "뱀이니?"라고 물어 보았지만, 아이는 '시냇물을 그렸는데 뱀을 그렸어야 하는 건가?'라는 생각이 들었던 거지요. 즉 '나의 행동이 엄마나 아빠의 마음에 드는지' 생각하게 되어 자신감을 잃었던 것이지요. 질문은 이렇게 아이의 행동을 의도치 않게 제어할 수 있습니다. 평소에 아이에게 통제를 많이 하고 권위적으로 대하는 부모들의 자녀가 이런 반응을 보이는 경향이 많습니다.

이런 부모도 보았습니다. 아이와 링 꽂는 놀이를 하면서 하나 둘 셋 하고 놀다가 갑자기 엄마가, "셋이 영어로 뭐더라?"라고 질문하니 아이가 운 좋게 영어로 "쓰리."라고 대답했습니다. 그러자 엄마가 "아, 제법 똑똑한데~ 그럼 그 다음은 뭐야?"라고 했다. 아이가 잔뜩 긴장을 하면서 분위기가 싸해졌습니다.

역시 부모가 아이에게 대답을 요구하니까 부담을 가지게 되면서 더 이상 놀이가 즐겁지 않았던 거지요.

"여긴 왜 초록색으로 칠했어?"

"바다가 아니라 들판 같아 보이는데 그렇지 않니?"

이런 류의 말은 질문의 형태이지만 명령으로 들릴 수 있습니다.

기본적으로 아이는 부모가 자신이 하는 일을 싫어하거나 부족하게 느낄까 봐 염려합니다. 답을 요구하는 질문은 이런 마음을 더 부추기게 됩니다. 그것은 부모가 결정할 수 있는 게 아니라 순전히 받아들이는 아이에게 달린 것이기 때문에, 특별놀이 시간에는 아예 질문을 하지 않는 것이 안전합니다. 유도질문이든지, 순수한 질문이든지, 어떤 질문도 하지 않는 것이 '1단계 아이랑 친해지기' 단계에서는 더 좋습니다.

놀이의 목적은 즐거움입니다. 우리의 5분특별놀이 시간은 아이가 즐겁고 행복한 경험을 하는 데 부모가 함께 도와주는 놀이 시간일 뿐입니다. 즐거운 일을 함께하면서 서로의 관계를 더 좋아지게 하는 시간임을 잊지 마세요.

– 놀이 중 명령으로 느껴지는 질문하지 않기(5분특별놀이)

내용	부모의 의도가 숨어있는 질문하기 (간접적인 명령) 답을 요구하는 질문하기
부작용	– 아이가 부모에게 끌려다니는 느낌이 든다. – 아이가 대답을 해야 하는 부담감이 생긴다. – 그 외 명령하기와 비슷한 부작용이 나타난다. * 부모는 단지 궁금해서 순수하게 질문을 했다 하더라도 아이는 명령으로 받아들일 수 있다. 권위적이고 개입이나 통제가 많은 부모의 자녀들이 이런 경향을 보인다.
예	– 하늘을 왜 주황색으로 그리니? – 여기 있던 게 별 맞니? 등등 어떤 질문이라도 명령의 의도가 담긴 질문이 될 수 있다. 이는 아이가 어떻게 느끼느냐에 달려 있다.

참조: 참고도서 3번 Parent–Child Interaction Therapy Integrity Checklists and Session Materials Version 2.10

실제 상담실에서 있었던 일입니다.

아빠와 아이가 함께 블록놀이를 합니다.

아이가 자꾸만 블록을 삐뚤빼뚤하게 쌓는 것을 보고 아버지가 "쓰러지잖아? 그러니까 그렇게 삐딱하게 올리지 마!"라고 합니다. 제가 "아버지, 그건 부정적인 말이자 명령입니다."라고 하였습니다.

아버지가 알았다고 고개를 끄덕였습니다. 아이는 여전히 삐뚤빼뚤 쌓고 있습니다. 그리고는 블록 통에서 다른 블록을 찾는 데 집중하고 있습니다. 그 사이에 아빠는, 아이가 삐뚤빼뚤 쌓은 탑을 똑바로 위치를 잡아 줍니다. 어떻게 생각하시나요? 네. 그렇습니다. 이것도 행동으로 부정적인 메시지를 주는 것이지요. 이처럼 부정적인 메시지에는 말뿐 아니라 행동도 포함됩니다. 일일이 지적하다 보면 아마 아이들은 만신창이가 될지도 모릅니다.

부모의 이런 행동이 많을수록 아이는 '나는 부족하구나. 그래서 엄마아빠가 도와줘야 하는구나!'라고 생각할지도 모른다고 전해 주었더니 고치기가 쉽지 않다고 민망해하더군요. 그만큼 아이들의 부족한 점에 부모들의 지적이 습관화되어 있음을 알 수 있지요.

아이들은 실패를 통해서 배웁니다. 블록을 쌓다 쓰러지면 "아하 삐뚤빼뚤 쌓으니까 쓰러지는구나!"라는 것을 배웁니다. 또 손 근육이 발달되면 블록을 좀 더 정교하게 쌓을 수 있게 됩니다. 발달에 맞게 보살펴 주면 되는데, 많은 부모들이 자녀가 좌절하거나 실패하는 것을 보고 싶어 하지 않습니다. 심지어는 좌절해서 울거나 분노하는 아이들을 두려워하고 귀찮아하기도 합니다. 그래서 예방하는 차원에서 미리 처리를 해 주려 합니다.

심지어 이렇게 말하는 엄마도 있습니다. "야! 거긴 헬리콥터를 주차하는 데잖아? 장애인 자리에 주차하는 너희 아빠랑 똑같다."라고 말하는 것입니다. 이렇게 부정적인 말을 하면 안 됩니다. 특히 부모 중 한쪽에 대해서 부정적인 이미지를 주는 경험을 하게 해서는 안 됩니다.

아이의 인격을 모욕하는 듯한 비난, 약간 비틀린 듯한

느낌의 비아냥거림 등도 부정적인 메시지에 포함됩니다. 이런 말들은 특별놀이 시간뿐만 아니라 평소에도 사용해서는 안 됩니다. 아이의 자존감을 무너트리고 부모에 대해 분노가 쌓이는 계기가 됩니다.

"에이. 이걸 또 부러뜨렸어. 이제 2개밖에 안 남았잖아. 조심해서 가지고 놀아야지. 넌 항상 조심성이 없더라."

"왜 이렇게 더럽게 노니? 자꾸 그러면 다음부터 이 장난감 주면 안 되겠다."

"아이구, 블럭 빼기가 그렇게 힘들어? 그래도 남자라고 제 깐에는 힘쓰고 있네. 웃긴다."

이런 말은 모두 비난, 비아냥입니다. 애정 어린 역설적인 비아냥이라 하더라도, 하지 않는 것이 좋습니다.

5분특별놀이를 할 때는 명령, 질문, 비난을 하지 않고 놀이의 모든 주도권을 아이에게 줍니다. 부모는 옆에서 꾸준히 아이를 수용하고 지지해 주는 좋은 친구일 뿐입니다.

– 놀이 중 부정적인 말과 행동하지 않기 (5분특별놀이)

내용	비난하는 말, 비아냥거리는 말이나 행동, 표정 짓는 것
부작용	– 아이가 분노, 주눅들림 같은 부정적인 감정을 느낀다. – 아이의 자존감이 낮아진다. – 부모와 관계가 나빠진다. –부모를 통해 바람직하지 않은 상호작용을 배운다.
예	– 얘 진짜 답답하네. – 아까도 말해 줬는데도 또 그러니. – 그렇게 하지 마. – 제대로 칠해야지. 삐죽삐죽 색칠이 다 밖으로 나왔잖니. – 아니야. 그렇게 하면 블록이 쓰러지지.

참조: 참고도서 3번 Parent–Child Interaction Therapy Integrity Checklists and Session Materials Version 2.10

선택적 무시하기와 반대되는 행동 칭찬하기

5분 놀이를 하는 동안 아이들의 행동에 대해 부정적인 말을 하면 안 된다3 Do Not Skill는 것을 배웠습니다. 그렇다면 놀이 도중 간혹 보이는 아이의 부정적인 행동에 대해서는 어떻게 대처해야 할까요? 이때 사용하는 방법이 바로 '선택적 무시하기'와 '반대되는 행동 칭찬하기'입니다.

'선택적 무시하기'란 어떤 특정한 행동에 대해서 관심을 보이지 않는 것을 말합니다. 5분 놀이 동안에 일어날 수 있는 부적절한 행동에는 징징대기, 조르기, 장난감을 거칠게 다루기, 공격적인 행동하기, 욕하기 등이 있습니다.

이때는 이제까지 아이에게 긍정적으로 해 왔던 모든 스킬을 멈추고, 아이와 눈도 마주치지 않고 말을 걸어도 들리지 않는 것처럼 행동해야 합니다. 대화도 일절 하지 않습니다. 아이가 옆에서 웃겨도 보이지 않는 것처럼 무표정하게, 마치 아이가 없는 듯이 엄마 혼자 재밌게 노는 척을 해야 합니다. 그러면서도 아이의 행동에는 계속 주의를 기울이고 있어야 합니다.

그러다 한순간 아이가 부적절한 행동을 멈추거나 잠깐 다른 행동을 하면, 그 순간을 놓치지 말고 아이를 칭찬합니다.

"우리 채우가 장난감을 얌전하게 다루네. 잘 했어. 이제 장난감들이 채우랑 노는 것을 즐거워할 것 같아." 이런 식으로 말해주는 것이죠.

5분 놀이시간에 무시하기를 사용할 때는 이전의 긍정적인 기술을 사용할 때와 확연히 차이가 느껴지도록 조금 과장되게 행동할 필요가 있습니다. 이 방법은 체벌을 하거나 야단치는 것과 같이 공격적이지 않으면서도 비교적 단순한 나쁜 버릇이나 행동을 고치는 데 부모들이 선택할 수 있는 상당히 전략적인 방법이라고 할 수 있습니다.

5분특별놀이 시간에 '무시하기'가 필요한 상황이 또 있습니다. 부모를 때리는 등의 파괴적인 행동을 한다면, 이때는 놀이시간이 끝났음을 알려야 합니다. 아이가 애원해도 들어주지 말아야 합니다. "오늘은 너가 엄마를 때렸기 때문에 더 이상 놀 수 없어. 내일은 놀 수 있어." 부모가 보기에 그냥 넘어갈 수 없을 정도로 위험한 행동을 했다면, "지금 너가 한 행동은 너무 위험해서 놀이를 계속할 수가 없어. 그러나 내일은 다시 특별놀이를 할 수 있어." 라고 단호하게 말하고 자리를 뜨면 됩니다. 아무리 안 그러겠다고 매달리더라도 무시해야 합니다. 이렇게 옳고 그름을 정확히 알려주면 이 과정에서 아이는 해야 하는 행동과 안 되는 행동에 대한 규율이 저절로 내면에 자리 잡게 됩니다. 그렇게 내면화된 소양은 평생 바른 도덕관을 가지고 바람직한 사회 구성원으로서 살아갈 수 있는 발판이 되어 줍니다.

평소 일상에서 '무시하기'를 권면하면 부모들의 반응은

심드렁한 편입니다. 야단을 치고 잔소리를 수도 없이 하고 회초리를 들어도 여전히 말을 안 듣는 말썽쟁이 아이들이 그런 소극적인 방법으로 얼마나 달라지겠냐고 말하기도 하고, 시도를 해 봤는데 별로 효과를 못 보았다고도 합니다.

일상생활에서 부모의 '무시하기'가 모든 행동에 다 효과가 있는 것은 아닙니다. 이는 아이가 부모의 '관심을 끌어 내어' 자신이 원하는 것을 얻기 위해 의도적으로 행동하는 경우에 효과적인 방법입니다. 즉 아이가 자신이 원하는 것을 얻어 내기 위해서 부모를 힘들게 하는 행동을 할 때 무시하기를 사용합니다. 예를 들면 징징댄다거나 떼를 쓴다거나 말대꾸를 한다거나 소리를 지른다거나 심한 경우 바닥에 드러눕거나 하는 행동들이 해당됩니다. 이런 아이에게 평소 생활에서 사용할 수 있는 가장 기본적인 스킬이 '무시하기'입니다. 아무것도 못 보고 못 들은 것처럼 행동하며, '나는 너에게 관심을 주지 않겠다. 네가 지금 하는 행동은 아무 쓸모가 없다.'는 것을 표현하는 것입니다. 그래서 아이가 자연스레 부정적 행동을 그치게 하는 것입니다. 아예 관심을 표현하지 않는 것이 핵심입니다.

"너가 아무리 떼를 써도 엄마는 흔
들리지 않아. 떼쓰기를 멈출 때까
지 어떤 반응도 하지 않을 거야."

아이가 부정적인 행동을 멈추었다면, 부모는 얼른 기회를 놓치지 말고 아이를 칭찬해 주어야 합니다.

길을 가다가 가게 앞에서 아이스크림을 사 달라는 아이에게 집에 가면 아이스크림이 있으니 얼른 집에 가서 먹자고 설명을 했습니다. 그런데도 불구하고 평소 하던 대로 아론이는 떼를 쓰기 시작합니다. 그러자 엄마는 아무 반응을 보이지 않고 무시한 채 걸어갑니다. 아이가 떼쓰기를 멈추면, "어머나, 우리 아론이가 떼쓰기를 멈추었구나. 잘했어. 집에 가서 엄마가 아이스크림 줄게. 우리 손잡고 빨리 뛰어갈까?"라고 따뜻하게 말하면 됩니다.

'그런데도 아이가 떼쓰기를 멈추지 않는다면 어떻게 하지?'라는 생각이 드는 분들이 있지요? 그럴 때 바로 우리가 앞으로 배울 2단계 하나 둘 셋 명령하기와 타임아웃이 아주 유용하게 사용될 것입니다.

이 '무시하기'를 시작하면 초기에는 아이들이 더 반항적으로 굴 수도 있습니다. 예전에는 원하는 대로 다 들어주었던 부모가 이제는 무관심하게 반응하니 예전처럼 돌려놓으려는 심리 때문입니다. 그러므로 이때 부모가 아이에게 끌려가지 않고 굳건히 버티는 것이 무척 중요합니다. 자신이 더 강하게 행동하는데도 불구하고 부모가 일관성 있게 행동하면서 꿈쩍하지 않고 잘 버틸 때 아이는, '아. 이제는 떼쓰기가 엄마 아빠에게 통하지 않는 방법이 되었구나.'라고 생각하고는 자신의 부적절한 행동을 그치게 됩니다.

무시하기의 효과를 보려면, 반드시 부모가 함께 뜻을 맞추어 항상 일관되게 시도해야 하며 아이의 행동이 긍정적으로 바뀔 때까지 멈추지 않고 지속해야 합니다. 실패하더라도 두려워하지 말고 스스로를 다독이며 새로 시도하는 부모 자신에 대해서 자부심을 가집시다.

– 선택적 무시하기와 반대되는 행동 칭찬하기

스킬	– 아이가 부적절한 행동을 했을 때 그 행동에 반응하지 않고 무시한다. 부정적인 행동을 멈추는 순간 많이 칭찬해 준다. – 아이를 외면하기 – 부모의 감정을 드러내지 않기 – 아이와 말하지 않기 – 부모 혼자서 재미있게 놀면서 아이의 관심을 유도하기
효과	– 바람직한 행동과 그렇지 않은 행동을 구별하게 된다. – 처음에는 저항이 더 심해지기도 하지만 부모가 일관성 있게 지속적으로 무시하면 문제행동이 줄어든다.
예	아이: (공룡 장난감을 던지며) 에이 너 꺼져! 엄마: (살짝 등 돌리며) 엄만 이걸로 멋진 공룡을 그려야지. (재미있게 노는 척하면서 관심은 아이에게 둔다) 아이: …. 엄마: (얼른 칭찬한다) 아유, 우리 유민이가 나쁜 말을 금방 멈추는 걸 보니 엄마가 기분이 좋은걸.

참조: 참고도서 3번 Parent–Child Interaction Therapy Integrity Checklists and Session Materials Version 2.10

5분특별놀이의 지침

특별놀이를 하면서 있었던 일이나 사용한 장난감, 스킬의 사용여부를 매일 기록하다 보면 실력 향상에 있어 상당히 도움이 됩니다.

* 어떤 놀이를 하면 좋을까

5분특별놀이를 할 때 사용할 장난감은 창의적 장난감이 좋습니다. 창의적 장난감이란 레고, 블록 쌓기, 자석놀이, 헌 지갑 가지고 놀기, 엄마 화장품 통으로 놀기 등을 말합니다. 레고 쌓기에는 규칙이 없어서 아이가 자기 마음대로 해도 됩니다. 그림 그리기도 자기 마음대로 그릴 수 있습니다. 이렇게 아이가 원하는 대로 할 수 있는 놀이들이 좋습니다.

Do Not Skill인 "하지 마", "얌전하게 놀아"처럼 명령하기나 부정적인 말을 써야 하는 상황이 일어날 만한 놀이는 해선 안 됩니다.

① **규칙이 있는 놀이는 하지 않습니다.**

주사위 놀이 같은 경우, 한 번씩 교대로 던져야 하는 규칙이 있지요. 그런데 때에 따라서 아이가 한 번 더 던지겠다고 떼를 쓰기도 하고, 다시 던지라고 요구하기도 합니다.

그러면 "규칙이잖아, 규칙대로 놀아야지."라고 아이를 가르치게 되고, 규칙을 어긴 아이에게 긍정적으로 반응하지 못하게 됩니다. 그러면 5분특별놀이의 목적인 수용과 지지의 취지에서 벗어나게 됩니다.

② **지저분하거나 어지르기 쉬운 장난감도 안 됩니다.**

클레이 놀잇감의 경우 아이가 벽이나 마루 여기저기에

문지르기 쉽습니다. 그럴 때 "에고~ 그러면 안 지워져. 엄마가 청소하기 힘들어. 종이 깔아 놓은 데서만 갖고 놀아야지 자꾸 다른 곳에다 하지 마!"라는 식의 부정적인 반응, 명령을 하게 될 수도 있고, 따라서 아이가 마음 놓고 놀지 못할 수도 있습니다.

③ 거칠거나 공격적인 놀이도 하면 안 됩니다.

공 던지기나 볼링 놀이 같은 놀이가 이에 해당됩니다. 가령 공 던지기를 할 때 아이가 공을 잘못 던져서 뭔가 깨뜨릴 수도 있기 때문에, 역시 "야, 어디로 던지니? 잘못 던졌잖아", "살살 던져야지."와 같은 부정적인 말이 나올 수 있습니다. 또 다칠까 봐 맘껏 놀지 못할 수도 있고요.

④ 대화를 하지 않는 일방적인 장난감은 피하는 것이 좋습니다.

책 읽어 주기나 비디오 보기가 이에 해당됩니다. 아이가 자신을 표현하고 부모는 그에 반응해 주어야 하는데 이러한 상호소통이 안 되고 일방적인 한 방향 소통만 일어나기 때문입니다.

⑤ 인형놀이나 소꿉장난 같은 역할놀이도 추천하지 않습니다.

부모가 아무런 사심 없이 순수하게 인형놀이나 소꿉놀이를 할 수 있다면 괜찮지만 부모들이 역할놀이를 하다 보면 자신도 모르게 아이를 교육하고자 하는 욕구가 생깁니다.

보선이가 엄마와 소꿉놀이를 하면서 당근을 썰고 있습니다.

보선: 이건 당근이에요. 조그맣게 잘라야 해요.

엄마: 아. 당근을 잘게 썰어야 하는군요. 요리사 선생님. 당근이 몸에 좋은 거잖아요. 그쵸?

보선: 네.

엄마: 그런데요 우리 집에 보선이라는 아이가 있는데요. 그 아이는 당근을 안 먹어요. 몸에 좋은 거니까 먹으라고 선생님이 얘기 좀 해 주세요.

이런 식으로 말하게 되면 아이를 간접적으로 훈계하는 셈입니다. 아이는 당근을 먹지 않는 자신을 엄마가 비난하고 있다는 느낌이 들 수도 있겠지요. 아이에 대한 전적인 수용. 인정과 거리가 멀어지게 됩니다.

만일 아이가 위의 놀이들을 하길 원한다면 특별놀이 시간이 지난 후에 혼자 가지고 놀 수 있다고 말해 주면 됩니다. 그래도 조른다면 아이의 눈높이에 맞게 안 되는 이유를 쉽게 설명해 주고, 이해시키는 것이 좋습니다. 예를 들어 "클레이를 가지고 놀면 엄마가 세율이에게 지저분하게 마루 여기저기 묻히지 말라고 싫은 소리하게 될 것 같아. 그러면 너가 기분이 나빠지잖아. 5분특별놀이 때는 엄마는 우리 세율이에게 기분 좋은 말만 해 주고 싶거든."이라고 말해 주면 좋겠지요.

5분 놀이의 목적이 아이와 친해지기라는 것을 잊지 말고, 그 목적에 걸림돌이 되는 장난감은 사용하지 않는 것 또한 잊지 마세요.

***체크 리스트 만들기**

날짜, 요일	시행 여부		사용한 장난감	비고
	Do Skill	Do Not Skill		
5/20 월	조금	좀 많이	그림 그리기	명령하기를 많이 했음
5/21 화	중간	좀 많이	레고 쌓기	장난감을 엄마에게 던져서 놀이를 중간에 멈추었음
5/22 수	좀 많이	중간	퍼즐 맞추기	행동중계하기를 많이 했음
5/23 목	좀 많이	중간	자동차 놀이	엄마랑 계속 더 놀고 싶다고 말함

우리 아이
나쁜 버릇 고치기
5·3·3의 기적

4장

"우리 엄마 잔소리가 사라졌어요"

습관이 오래되어 굳으면
천성이 됩니다.

명령을 잘 내리면 순종도 쉬워진다

　매일 5분씩 2~3주 정도 지속적으로 5분특별놀이를 하다 보면 아이들이 달라지고 있음을 느끼게 됩니다. 아이가 부모에게 더 친근한 느낌을 드러내는 게 확연히 눈에 보입니다. 어찌 보면 버릇이 좀 없어 보일 정도로 부모를 대합니다. 하지만 걱정하지 않아도 됩니다. 이는 아이와 부모 사이에 라포가 형성되었고, 아이가 자신이 긍정적으로 여겨지며 사랑받는다는 것을 알게 되었다는 의미입니다. 이때쯤 되면 부모는 슬슬 아이를 순종적이고 협조적으로 변화시킬 준비를 해야 합니다. 특히 떼를 많이 쓰고, 하지 말라고 하면 더 하고, 남들 앞에서 특히 버릇이 안 좋은, 말을 잘 안 듣는 아이일수록 좋은 기회가 왔다고 생각하고 어떻게 훈육해야 하는지 방법을 잘 알아서 실천할 각오를 다지세요.

1단계는 특별놀이 시간을 통해 아이와 라포를 형성해서 친해지는 단계이고, 2단계는 그 친밀함을 기반으로 아이들이 부모 말을 잘 따르도록 명령을 하여 아이의 잘못된 습관을 바로잡는 단계입니다. 5분특별놀이로 사랑의 날개를 먼저 퍼덕이면서 이제 훈육의 날개까지 함께 균형 있게 사용하는 시기입니다. 기억하시죠? 이때 명령에 순종하지 않았을 때 아이를 타임아웃 자리로 보내게 됩니다. 물론 2단계에 들어서도 1단계의 특별놀이 시간은 계속 진행한다는 것을 잊지 마세요.

아이와 매일 5분특별놀이를 통해서 친밀한 관계를 유지하는 동시에 이제부터는 타임아웃을 추가로 시행하여 부적절한 행동을 고쳐 나갑니다. 3~9세 정도의 아이들은 '타임아웃'을, 그 이후 초등학교 4, 5학년 정도의 아동들은 좋아하는 것을 하지 못하게 하는 '특권제한'을 사용합니다.

　타임아웃은 행동주의 심리학에서 부적절한 행동을 없애는 최고의 양육법 중 하나로 오랜 세월 동안 검증되어 왔습니다. 미국을 비롯한 전 세계에서 수십 년 동안 변함없이 가정과 학교에서 아동들의 부적절한 행동을 줄이기 위해 가장 많이 사용되는 방법입니다.

　타임아웃이란, 아이가 공격적인 행동이나 말처럼 부모가 용납할 수 없는 부적절한 행동을 할 때, 아이를 나쁜 행동을 유발하는 환경(상황)에서 잠시 격리(분리)시켜서 문제 행동을 멈추게 하는 것입니다. 그리고 스스로 감정을 진정시키고 나아가 자신의 행동을 조절할 수 있도록 유도합니다.

　아이의 연령에 따라 차이가 있긴 하나, 일반적으로 3~5분 정도 구석진 곳에 자리를 만들어 아이 혼자 세워 둡니다. 어떤 도구이든지 적절히 쓰일 때 최대의 효과를 볼 수 있는 것처럼, 타임아웃을 통해 아이를 다루는 방법도 정확한 방법으로 적절한 때에 잘 사용하는 것이 중요합니다.

소파 위에서 마구 뛰면서 노는 개구쟁이가 있습니다. 그 행동을 멈추게 하고 싶을 때 여러분은 아이에게 뭐라고 말하나요?

처음에는 "그렇게 뛰지 마." "먼지 난다. 그만해."라고 친절하게 말하겠지요.

그래도 행동을 멈추지 않으면 "뛰지 말라고 했지? 왜 이렇게 엄마 말을 안 듣니? 엄마한테 혼난다." "좀 있다 아이스크림 안 준다."라며 잔소리를 하거나 협박성 발언을 합니다.

그래도 계속한다면 "야~ 안 들려? 엄마 말이 말 같지 않아? 이리 와!" 하며 짜증이 나서 고함을 지릅니다. 그리고 묘한 기분이 됩니다. '이 조그만 게 날 무시하는 거야?' 속에서 욱하는 무엇인가가 올라오는 게 느껴집니다. 급기야 아이에게 매를 들고 말지요.

아이가 있는 집이라면 자주 반복되는 일상입니다. 이러한 악순환을 멈추고, 순종적인 아이, 규율을 잘 지키는 아이로 키우고 싶다면, 이제부터는 달라져야 합니다. 가장 먼저 달라져야 할 일이 바로 부모의 언어습관을 바꾸는 일입니다.

부모가 아이들에게 지시하거나 명령을 내릴 때 사용하

는 것은 언어입니다. 즉 말을 통하여 지시를 합니다. 종종 부모가 아이들에게 명령을 하는 것을 보면, '저런 식으로 말한다면 내가 아이라도 순종하기 싫겠다'라는 생각이 들 때가 많습니다.

명령에 사용되는 말이 아이들에게 수치심이나 억울함, 분노와 같은 불편한 감정을 불러일으키거나, 아이들 수준에서는 이해하기 어려운 경우가 많았던 것입니다.

그러니 아이가 부모의 말을 잘 듣게 하려면 부모가 사용하는 언어, 특히 좋은 명령을 내리는 말의 방식부터 배워야 합니다.

타임아웃을 효과적으로 사용하기 위해서는 좋은 명령, 즉 아이들이 순종하기 쉬운 명령이나 지시를 해야 하는 것이 기본입니다. 자잘하게 수도 없이 반복되는 식의 잔소리는 효과가 없을 뿐만 아니라 오히려 악영향만 끼칩니다. 아이들은 엄마가 잔소리를 하기 시작하면 귀를 닫아 버립니다. "어휴~ 또 시작이네." "늘 일어나는 일이니 무섭지도 않아!"라고 생각하고 무시해 버리지요. 부모의 권위가 점점 떨어지기 시작합니다.

결국 부모의 인내심은 바닥을 드러내고 비인격적으로 아이를 꾸중하게 됩니다. "하지 말라고 그랬지? 에그~ 진짜 내가 너 때문에 못 살아. 너라는 애는 진짜 어떻게 생긴 아이인지 내가 낳고도 모르겠다." "몇 번을 말해야 알아듣겠어? 도대체 너는 엄마 말이 말 같지 않아? 어쩌면 네 아빠랑 똑같은지…."

부모의 이런 말에는 독이 묻어 있어서 아이에게 심한 상처를 주고 모멸감을 느끼게 합니다.

아이가 상처를 많이 받을수록 자아상은 더 부정적으로 형성되고, 관계는 더 나빠집니다. 부모가 "야! 너 때문에 못살아." "도대체 말 안 듣기로 작정한 건지…."라고 말할 때마다 아이는, "엄마아빠는 나를 미워하는구나. 내가 나쁜 아이라서 엄마아빠를 화나게 하는구나."라고 생각합니다. 부모 역시 그런 식의 꾸중을 했을 때 마음이 편하지 않습니다. 아이에게 미안함과 죄책감을 갖게 됩니다. 아이나 부모 모두에게 전혀 좋지 않은 일입니다.

대부분의 부모가 위에 나열한 식으로 반응을 하는 이유
는 아이들의 잘못된 행동을 고쳐 주고 싶기 때문입니다.
그러나 이와 같은 잔소리는 잠깐의 효과는 있을 수 있지
만, 오래 가지 않습니다. 아이들에게 의도적으로 좋은 행
동을 습관화할 수 있도록 가르쳐야 합니다. 이때 가장 기
본적인 원칙은 인격적인 방식으로 아이를 대해야 한다는
것입니다.

강의를 할 때 잔소리를 통해서 나쁜 버릇이나 행동을 고
친 부모가 계시냐고 물어보면 손을 드는 분들을 본 적이
없습니다. 부모들은 이미 잔소리가 근원적인 해결책이 아
님을 알고 있습니다. 그러나 다른 방법을 모르거나, 알지
만 시도하기 귀찮아서 하지 않는 것입니다. 많은 부모들이
그들의 부모가 행했던 그 방법을 본인도 모르게 똑같이 따
라 해 오고 있습니다. 매일 매 순간 부모의 생활방식을 보
고 듣고 자라는 아이들은 부모를 자연스럽게 닮게 됩니다.
너무나 당연한 일입니다.

가족 간의 갈등을 대화로 풀지 않고 언어적, 물리적 폭
력으로 푸는 가정에서 자란 자녀들은 친구들에게도 부모
의 방식대로 갈등이나 문제를 해결하려고 합니다. 부부 사

이에 문제가 생겼을 때 대화로 해결하지 않고 서로 말로 싸우거나 뭔가를 던지고 때리는 등 폭력적인 모습을 보고 자란 아이들은 대부분 나중에 학교에 가서 화가 나면 소리를 지르거나 친구들을 때려서 자신이 원하는 것을 이루려고 합니다.

부모는 "네가 친구를 때리면 깡패지. 그런 걸 어디서 배웠어?"라고 야단치지만, 바로 그 부모에게서 배운 것이지요. 그래서 부모의 행동이 무척 중요합니다.

좋지 않은 대물림이라고 할 수 있지요. 이 부정적인 대물림을 끊으려면 부모의 의지가 필요합니다. 우선 자신의 감정을 조절하려고 노력해야 합니다. 그래서 보다 이성적으로 관계를 형성해가는 모습을 보여야 합니다. 스스로 노력해도 감정을 조절하기 어려운 경우에는 전문가의 도움을 받기를 권합니다.

부모는 별생각 없이 일상의 삶을 살고 있는데, 자녀가 부모의 말과 행동을 보면서 그대로 따라 하게 되는 것을 일종의 사회모델링학습이라고 합니다. "내가 저것을 배워야지."라고 해서 하는 것이 아니라, 자신도 모르게 말과 행동, 문제 해결 방식 등등 부모가 하고 있는 방식을 무의식적으로 학습하는 것입니다. 매일매일 가까이서 대하는 부모를 배워 가는 건 당연한 일이죠.

부모는 부정적인 상황이 생기면 감정을 빼고 이성적으로 반응해야 합니다. 아무리 감정이 폭발 직전이라도 컨트롤하려고 노력하면서 아이가 하기를 바라는 행동을 차분히 지시^(명령)해야 합니다.

아이들은 부모님이나 선생님이 내리는 수많은 명령 속에서 거의 하루를 보냅니다. 그 와중에 때로는 명령 자체를 이해하지 못하거나 소통이 제대로 되지 않아서 말을 안 듣게 되는 경우가 있습니다. 부모는 그것을 모르고 그저 '말을 안 듣는 아이'라고만 오해하고 그래서 또 화가 나지요.

그렇다면 어떤 식으로 말하는 것이 효과적인 명령일까요?

명령에도 규칙이 있다

① **직접적인 명령문으로 말하십시오.**

밥을 먹다 말고 장난감을 가지고 노는 아이가 있습니다. 엄마는 아이가 밥을 다 먹고 놀기를 원합니다. 그래서 명령을 합니다.

"밥부터 먹고 놀지 않을래?" "밥부터 먹고 놀면 좋겠다." "밥부터 먹고 놀자." "밥부터 먹고 놀아!"

이 중에서 어떤 게 가장 강력하면서도 효과적인 명령일까요?

그렇습니다. "밥부터 먹고 놀아!"입니다.

단호하게 명령을 내려야 아이들에게 긴장감을 주고 아이의 주의를 끌 수 있습니다. 특히 중요한 명령, 꼭 지켜야 하는 명령일수록 직접적인 명령문으로 말하는 것이 좋습니다. "밥부터 먹고 놀아!"라고 말을 한 후 아이가 밥부터 먹으면, "응, 우리 세율이가 말을 잘 들으니까 엄마가 기분이 아주 좋은데~"라고 칭찬해 주면 됩니다. 이때 머리라도 쓰다듬어 주면 금상첨화겠지요.

"밥부터 먹고 놀지 않을래?"는 아이가 "응. 않을래"라고 엄마가 원하지 않는 대답을 하더라도 어쩔 수 없습니다. 엄마가 의도하는 바는 알겠지만 아이에게 선택이 가능하도록 물어봤으니까요. "밥부터 먹고 놀자."는 엄마랑 같이 하자고 권유하는 청유형입니다. "밥부터 먹고 놀면 좋겠다."는 바람을 표현하는 정도의 정중하지만 힘이 약한 명령이라고 하겠습니다. 나쁜 행동이나 버릇을 고치기 위해서는 "과자를 식탁에 앉아서 먹어." "조용히 놀아."와 같은 직접적인 명령문이어야 강한 효과를 가집니다. 아이가 부모의 단호한 태도를 느낄 수 있고, 부모의 의도를 확실하게 이해할 수 있기 때문입니다.

② 긍정문으로 말하십시오.

뛰어다니는 아이를 향해 "뛰어다니지 마! 뛰어다니지 마!"라고 부정적으로 지시하는 것은 지시를 따르고 싶은 마음을 감소시킬 뿐만 아니라 부정어를 지속적으로 듣게 되는 아이들의 인성이나 성격형성에도 좋지 않은 영향을 미칩니다. 실제로 부정적인 언어사용이 아이들에게 좋지 않다는 많은 연구 결과들이 있습니다.

그저 간단하게 "조용히 걸어 다녀." 또는 "앉아서 놀아."라고 말하도록 합시다. 아이가 하길 원하는 행동을 긍정적인 문장으로 만들어서 말해 주는 것입니다.

손으로 동생을 때린다면 "동생 때리지 마!" 대신에 뭐라고 명령해야 할까요? 이럴 때는 "동생이랑 사이좋게 놀아."같은 막연한 명령은 좋지 않습니다. 손으로 동생을 때릴 수 없도록 즉각적으로 실천 가능한 행동을 명령해야 합니다. "동생에게서 한 발자국 떨어져 앉아." 또는 "두 손을 무릎 위에 올려놔."라고 말하는 것이 아이들이 순종하기에 훨씬 쉬운 명령이지요.

시끄럽게 고함을 지르며 다른 가족들을 방해하면서 논다면 "왜 이렇게 소리를 지르니? 소리 좀 지르지 마."가 아니라 "조용하게 말하면서 놀아."라고 하면 됩니다.

이처럼 명령할 때 부정적인 말을 사용하지 않으면 아이의 행동을 비난하지 않음으로써 긍정적인 자아상을 가지도록 도와줄 수 있습니다.

③ 명령은 한 번에 한 가지씩만 하는 것이 좋습니다.

"옷은 벗어서 제자리에 걸어 놓고, 가방 똑바로 놓고 알림장만 꺼내서 들고 이리 와." 그러면 아이들은 제일 앞의 명령이나 제일 뒤의 명령만 기억하는 경우가 많습니다. 명령에 다 순종하고 싶어도 할 수가 없습니다. 아이가 엄마의 명령이 무엇인지 기억하고 따르기 쉽도록 명령해야 아이도 잘 따르고, 부모도 명령을 잘 수행했는지 확인하기 쉽습니다. 이런 경우에는 "옷을 제자리에 걸어 놓아라." 하고, 잘 수행했으면 칭찬해 준 다음에, "가방에서 알림장을 꺼내 와라."라고 순차적으로 명령하면 됩니다.

④ 구체적으로 명령하는 것이 이해하기 좋습니다.

"야! 아빠 오실 때 다 됐다. 빨리 마루 치워."라고 하면 아이들이 가지고 놀던 장난감들을 치워 놓긴 합니다. 그런데 장난감들을 거실 한쪽 구석으로 옮겨 놨을 뿐입니다. 이런 경험들 해 본 부모님들이 많을 겁니다. 이럴 때는 어떻게 해야 할까요?

아이가 자신이 해야 할 일이 무엇인지 정확히 알 수 있도록 말합니다.

"레고는 레고 통에 넣어." "자동차는 자동차 통에 넣어." "책은 책꽂이에 꽂아 놔." 이렇게 구체적으로 수행하기 좋게 말하면 됩니다. 이렇게 하면 아이도 성취감을 느끼고 부모도 만족스러울 것입니다.

⑤ **발달 수준에 맞는 단어를 사용해서 명령을 내리십시오.**

"지영아, 저기 파라솔 밑에 있는 작은 통 가져와."라고 했을 때 아이는 어리둥절 엄마를 바라봅니다. 엄마는 다 아니까 습관적으로 파라솔이라는 단어를 사용하지만 아이는 이해를 못 하기 때문에 엄마 말에 바로 순종하고 싶어도 할 수가 없겠지요.

이처럼 아이의 발달에 맞게 명령을 내려야 합니다. 아이가 어린데 "정육면체를 만들어 봐, 왜 못 만들어."라고 하면 안 됩니다. 아이가 정육면체가 뭔지 모를 수도 있습니다. 아이의 발달단계에 맞는 내용과 쉬운 단어를 사용하여 명령합시다.

⑥ 흥분하거나 소리 지르지 말고 평소 목소리 톤으로 내용만 단호하게 전합니다.

치밀어 오르는 화를 참고 목소리 톤을 평소대로 말하는 것은 참 어렵습니다.

"야! 그거 제자리에 돌려놔!"라고 하고 소리치고 싶은데, 평범하게 말하는 톤으로 "돌려놔~~"라고 말하기가 어렵습니다. 평소 부모들이 아이에게 하는 말들을 녹음을 해서 들어 보라고 과제를 내어 줄 때가 있습니다. 내가 그 말을 들었을 때 어떤 느낌이 드는지 적어 오라고 합니다. 대부분의 경우 기분이 너무 나빴다고 말합니다. 그렇습니다. 아이들도 어른과 동일하게 느낍니다. 어른들 세계에서는 자신의 감정을 잘 조절하려고 하는데 아이들과 함께 있을 때는 노력을 잘 하지 않습니다. 노력도 훈련입니다. 차분차분 평소 말투와 표정으로 명령하는 것을 매일 연습해 봅시다. 거울을 보면서 자신의 표정과 제스처도 함께 살펴보는 것도 좋은 방법입니다. 이렇게 하면 아이가 기분 좋게 명령에 따를 수 있고, 불필요하게 험악한 분위기를 만들지도 않습니다. 말을 안 들을 때마다 공포 분위기가 조성된다면 아이는 온유한 성품을 갖추며 성장하기 어렵습니다.

⑦ 명령하는 이유는 명령하기 전에 설명해 주는 것이 좋습니다. 특히 호기심이 많아서 평소에도 "왜요?"라는 질문을 자주 하는 아이라면 더욱 그렇습니다.

엄마: 손 씻어.

아이: 왜요?

엄마: 지금 간식 먹을 거야.

아이: 아까 유치원에서 씻었는데요.

엄마: 걸어오면서 아까 나뭇잎들 만졌잖아. 그러니까 얼른 씻어.

엄마의 목소리에 짜증이 담기기 시작합니다.

아이: (눈치를 살피며) 엄마, 오늘만 안 씻고 먹으면 안 돼요? 오늘 딱 한 번만!

이 정도면 엄마의 인내심은 서서히 바닥을 드러내려고 하지요. 아이의 말이 많아지면서 엄마의 말도 당연히 많아지고 엄마의 평정심은 흔들리기 시작합니다. 사실 이 아이는 손을 씻지 않고 싶어서 시간을 끌고 있는 것입니다. 결국 엄마의 명령에 순종하지 않는 것이 목적이지요. 그러니 아예 처음부터 그런 불순종의 기회를 주지 않기 위해서 미리 이유를 말해 줍시다.

"간식 먹을 건데 나뭇잎 만져서 더러우니까 손 씻어."

⑧ 명령은 꼭 필요할 때만 내리는 것이 좋습니다.

명령이 남발되면 어른이나 아이나 다 피곤해집니다.

진지한 명령은 꼭 필요할 때만 합니다. 명령의 무게를 유지하고 아이가 '이것은 꼭 지켜야 하는 것이구나.' 하고 알 수 있어 불순종의 횟수가 줄어듭니다.

– 효과적으로 명령하기 Ⅰ

규칙	이유	예
명령은 청유형이나 질문형이 아닌 직접 명령문으로 한다.	① 부모가 시키는 말을 정확하게 잘 이해할 수 있도록 한다. ② 부모의 단호한 태도를 전달해 준다.	나쁜 예〉 ① 과자를 식탁에 앉아서 먹을래? ② 조용히 놀자. 좋은 예〉 ① 과자를 식탁에 앉아서 먹어. ② 조용히 놀아.
명령은 긍정적인 문장으로 말한다.	① "~하지 말라"는 말 대신 "~하라"는 말로 한다(반대되는 행동을 말한다). ② 아이의 행동을 비판하지 않음으로써 긍정적인 아이가 된다.	나쁜 예〉 ① 방에서는 뛰어다니지 말아라. ② 화분은 만지지 말아. 좋은 예〉 ① 방에서는 조용히 걸어. ② 화분에서 손을 떼렴.
명령은 한 번에 한 가지만 한다.	① 아이가 부모의 명령이 무엇인지 기억하고 따르기 쉽도록 한다. ② 아이가 명령의 내용을 잘 수행했는지 확인하기 쉽다.	나쁜 예〉 ① 우유 마시고 이 닦고 잠옷 갈아입어. 좋은 예〉 ① 우유부터 마셔.(순종 후) 이 닦아. (순종 후) 잠옷 갈아입어.
명령은 구체적이어야 한다.	① 아이가 자신이 해야 할 것이 무엇인지 정확하게 알 수 있다. ② 성취감을 쉽게 느낄 수 있다.	나쁜 예〉 – 조심해라. / 장난감 정리해라. 좋은 예〉 – 미끄러우니까 주의해서 걸어. – 흩어진 블록들을 블록통에 넣어.

참조: 참고도서 3번 Parent–Child Interaction Therapy Integrity Checklists and Session Materials Version 2.10

– 효과적으로 명령하기 II

규칙	이유	예
명령은 아이의 발달단계(나이)에 맞는 내용이어야 한다.	① 아이가 명령을 이해할 수 있도록 나이에 맞는 단어를 사용해야 순종하기 쉽다.	나쁜 예〉 ① 공기청정기 위에 있는 과산화수소를 가져와. ② 원통형 기둥을 올려 봐.
명령은 아이를 존중하는 태도로 한다. (평소 말투와 표정)	① 아이의 인격을 존중하므로 아이가 기분 좋게 명령에 따르게 된다. ② 아이가 공포를 느끼지 않도록 큰소리나 험악한 분위기를 만들지 않는다. ③ 온유한 성품과 평안한 가정 분위기를 만든다.	나쁜 예〉 야! 장난감으로 난리가 났네. 응? 돼지우리니? 좀 치워! 좋은 예〉 장난감들이 많이 어질러져 있네. 흩어진 장난감들을 모아서 한곳에서 놀렴.
명령을 내린 이유에 대한 설명은 명령 전에 미리 한다.	명령을 한 뒤에 아이가 질문이나 다른 말을 함으로써 시간을 끄는 것을 막는다.	간식 먹으려면 손이 깨끗해야 하니까 손 씻어.

참조: 참고도서 3번 Parent-Child Interaction Therapy Integrity Checklists and Session Materials Version 2.10

이유 있는 반항

아이들이 반항하는 이면에는 두 가지 심리적인 요인이 있습니다. 하나는 부모에 대한 열등감이고, 다른 하나는 그 열등감을 해소하고 싶은 본능적인 욕구입니다. 모든 아이들은 부모에게 열등감이 있습니다. 나보다 힘이 세지요. 내가 못 하는 것 척척 다 해내지요. 내가 맛있는 것 먹고 싶다고 하면 눈앞으로 가져다주지요. 길 가다가 물웅덩이가 나타나면 한 팔로 휙 들고 건네주지요. 운전도 척척 해내지요.

아이가 보기에 부모는 마치 요술방망이처럼 내가 원하는 것들을 다 이루어주는 만능인입니다. 특히 영유아기 아이가 생각하는 부모는 더 그렇습니다.

모든 사람은 무의식적으로 열등감을 해소하고 회복하기를 원합니다. 직접적으로든 간접적으로든 부모의 말을 듣지 않음으로써 부모가 흥분하거나 망가지는 모습을 볼 때 아이들은 묘한 통쾌함을 느낍니다. 열등감이 일시적으로 해소되는 듯한 느낌을 갖게 됩니다. 거대한 부모가 자신같이 무능하고 작은 사람으로 인해 약 올라하거나 힘들어하다니. 순간적이긴 하지만 자신이 상당히 유능하고 힘이 세다고 느껴집니다.

이러한 것이 행동으로 드러난 게 바로 수동공격성입니다. 아이들이 부모의 말에 순종하고 싶지 않을 때, 시간을 질질 끌거나 엉터리로 순종해서 부모를 힘들게 하는 경우를 경험해 본 적이 있을 것입니다. 일반적으로 수동공격은 자신보다 힘이 세다고 여겨지는 상대방으로부터 자신을 보호하기 위해 직접적으로 저항하지는 못하고 간접적으로 반항하는 비협조적인 행동을 말합니다. 어린 아이의 경우 수동공격은 다음과 같이 나타납니다. 부모의 말을 못 들은 척하거나 말도 안 되는 엉뚱한 대답을 하기도 하고 때로는 계속 웃고 있기만 할 때도 있습니다. 더 자라게 되면 부모가 지시한 일을 일부러 늦게 한다거나, 심부름을 아주 천천히 갔다 온다거나, 괜히 트집을 잡아서 심술을 부리거나 핑계를 대면서 다른 일을 먼저 하는 등의 행동이 여기에 해당됩니다.

어떤 종류의 불순종이든, 아이는 무의식 속에서 '어머나, 세상에. 저 능력자가, 저 거인이 내가 이렇게 행동하니까 약 올라하면서 다른 사람이 되네. 와~ 나도 힘이 세구나!'라는 느낌을 가집니다. 이때 아이들 마음속에는 모순되는 두 가지 감정이 공존합니다. 부모보다 힘이 세다는 데서 오는 약간의 통쾌함과 혼날까 봐 두려운 마음이 그것이지요. 손 씻지 않는 아이는 부모의 눈치를 살피면서도 계속 핑계를 대면서 명령에 순종하지 않고 버팁니다. 혼날까 봐 무섭지만 한편으로는 말을 안 듣는 그 순간을 즐기고 있는 것이지요. 물론 아이가 의식하면서 하는 행동은 아니고 무의식에서 하고 있는 일이지요.

　가끔은 아이가 이렇게 말하는 경우도 있습니다. "엄마 나는 잘하는데 엄마는 못하지?" 자신의 열등감을 살짝 뒤집어서 "나 엄마보다 잘하는 거 있거든?" 이런 마음을 표현하는 겁니다.

　이러한 열등감은 건강한 열등감입니다. 아들러는 건강한 열등감은 사람을 성장시키는 원동력이라고 했습니다. 긍정적인 열등감은 아이가 성숙해 가는 과정에서 반드시 필요합니다. 이러한 심리적인 현상은 무의식적으로 일어나는 것이므로 나쁘게 생각할 필요는 전혀 없습니다. 아이들은 그저 혼날까 봐 두렵지만 동시에 "와~ 저렇게 큰 사람이 내 말 한마디에 내 행동 하나에 저렇게 쩔쩔매는구나." 하면서 열등감이 일시적으로 해소되는 느낌이 듭니다.

　기본적으로 아이들이 엄마, 아빠에 대해서 가지고 있는 열등감은 부모가 건강하게 대처하고 있다면 전혀 걱정할 일이 아닙니다. 하지만 부모가 적절하지 않은 방법으로 아이를 대하고 있다면 이 역시 건강하지 못한 열등감으로 변질될 수도 있습니다.

▷ 아이의 눈을 보고 말한다

부모의 말에 반응을 잘 보이지 않는 아이일수록 반드시 명령을 제대로 들었는지 확인해야 합니다. 아이들이 어떤 것에 집중하다 보면 부모의 말을 못 듣는 경우도 많기 때문에 본의 아니게 순종하지 못할 수도 있습니다. 그래서 아이의 눈을 보면서 명령을 내려 주는 것이 가장 확실하고 효과적인 방법입니다. 아이가 노느라고 엄마가 말해도 잘 못 듣는 상황이라면, 계속 반복해서 말하는 것보다는 아이에게 다가가서 아이의 한쪽 어깨에 손을 올리고 엄마를 향해서 어깨를 돌려서 엄마를 바라보도록 한 후에 명령을 내리면 됩니다.

▷ 감정을 최대한 절제한다

화난 감정, 짜증 등을 표현하면 이성적인 명령을 내리기 어렵습니다. 또 아이

가 순종하지 않을 때 불필요하게 에너지를 낭비하여 원하지 않는 상태로 사

태가 악화될 수 있습니다.

▷ 꼭 필요한 말만 한다

부모가 명령할 때 말을 많이 하면 할수록 아이들의 지연작전에 말려들게 됩니다. 설득은 아이들에게 통하지 않을 때가 많습니다. 결국 부모는 설득하려다 아이에게 소리를 지르게 되고 회초리를 들게 됩니다. 잔소리나 설교보다는 몇 마디의 단호한 명령이 더 권위가 있음을 명심하세요.

우리 아이
나쁜 버릇 고치기
5·3·3의 기적

5장

"나도 모르게
엄마아빠 말을
잘 듣게 되었어요"

아이는 부모를 성장시키는
가장 좋은 도구이자 선물입니다.

3초의 기적
- 명령하기 하나, 둘, 셋

동생이 싫다는데도 불구하고 형이 베개 던지기 놀이를 하면서 동생을 괴롭히고 있습니다. 여러분들은 이 아이에게 뭐라고 말을 할 것인지 생각해 보세요.

아마도 이제 여러분들은 이렇게 말할 준비가 되었을 것입니다.

"베개를 네 방 침대 위에 갖다 놔. 하나, 둘, 셋!"

아이들이 부모의 지시사항을 듣고서도 순종하지 않고 꾸물거리거나, 들은 척도 하지 않고 자신이 하던 일을 계속할 때 부모가 꺼낼 수 있는 가장 효과적인 무기가 바로 '하나, 둘, 셋'입니다. 부모의 고함소리 없이, 아이의 울음소리 없이 집 안이 조용한 가운데 이루어지는 기적이지요. 어느 가정에서나 '하나 둘 셋'은 자주, 그러나 부적절하게 사용되어 제대로 된 효과는 못 본 채 허망하게 사라졌을 것입니다. 이 방법은 확실하게 사용된다면 요술방망이처럼 효과적이지만, 대충 사용하게 되면 오히려 부모의 권위만 추락하게 되는 희한한 방법입니다.

명령을 한 후에 다른 아무 말도 하지 않고 바로 큰 소리로 셋을 세어 보십시오. 셋을 다 세기 이전에 순종한다면 칭찬을, 불순종한다면 '타임아웃' 자리로 아이를 보냅니다.

이 3초의 효과는 대단합니다. 잔소리를 하거나 야단을 치고 때린 것도 아닌데, 지긋지긋하게 말을 안 듣던 아이가 말을 잘 듣고, 늘 큰소리와 짜증과 울음으로 전쟁터를 방불케 하던 집이 조용해지고 평화가 감돌기 시작합니다.

실감이 나지 않을 정도입니다.

상담실에서 처음 훈련을 받는 어머니들 중 많은 분이, "이거 늘상 하던 건데요. 별 효과가 없었어요."라고 말씀하십니다. 그러나 제대로 훈련을 받고 다시 시도를 하면, 그 결과가 많이 다르다고들 합니다. 긴가민가하던 초반부가 지나고 얼마 지나지 않아 아이들이 변하여서 소리치는 일이 줄어들어 행복해졌다고 고백합니다.

이 3초의 효과가 큰 이유 중 하나는, 바로 하나 둘 셋 이후 불순종했을 때 주어지는 타임아웃의 위력이라고 할 수 있습니다.

3분의 기적 – 타임아웃

정답은 '지금 때리는 아이를 이 나쁜 상황에서 분리시켜 다른 자리에 데려다 놓는다.'입니다. 이미 수많은 부모가 경험해 왔듯이, 아이를 문제 상황과 분리시키지 않으면 아무리 그만하라고 소리쳐도 울음소리와 짜증만이 난무하게 되고 부모의 이성은 한계점을 넘어가 무너지기 시작합니다.

3초의 숫자를 센 뒤, 아이가 행동을 수정하지 않는다면 아이를 데리고 정해진 '타임아웃' 자리로 이동합니다. 그리고 아이에게, "엄마(아빠) 말에 순종하지 않았으니까 넌 여기서 3분 동안 있어야 돼. 3분이 지날 때까지 자리에서 나오면 안 돼. 만약 그 전에 나오게 되면, 다시 3분을 처음부터 셀 거기 때문에 너는 그 자리에 더 오래 있게 되는 셈이야."라고 합니다.

타임아웃은 아이들에게 인격적인 모욕감을 주지 않으면서 행동을 교정하는 방식입니다. 아무것도 할 것이 없는 자리에서 홀로 몇 분간을 서 있게 하는 것은 위험하지 않으면서도 지루한 것을 못 견디는 어린 아이의 특성을 이용한 효과적인 훈육이라고 할 수 있습니다.

장소를 이동시킴으로써 아동으로 하여금 부정적인 행동을 일으키는 상황에서 벗어나게 하며, 자신의 행동에 대해 생각해 보고 스스로 책임을 지게 하는 효과가 있습니다.

그 과정을 통해 내면의 규율이 이루어져서 스스로 행동과 욕구를 조절할 수 있게 됩니다. 자신도 모르게 부정적인 행동이 긍정적인 행동으로 바뀌는 것이지요. 이 방법은 유치원이나 초등학교 저학년 그리고 가정에서도 '생각하는 자리'라는 이름으로 많이 사용되어 왔습니다.

그런데 큰 효과를 못 보았다면, 누차 말한 대로 타임아웃을 잘못 사용했기 때문입니다.

타임아웃은 여태 사용되어 왔던 '생각하는 의자'와는 다릅니다. 생각하는 의자도 타임아웃과 본질적으로는 같은 의도를 가지고 있습니다만, 오용되어 왔다고 볼 수 있습니다. 옳은 방법으로 제대로 사용되어 오지 못한 것이지요. 타임아웃은 나쁜 행동을 하는 아이를 그 행동을 유발하는 상황에서 분리시키는 의미이지 수치스럽게 벌을 준다는 의미가 아닙니다. 모욕감과 수치심을 유발하는 방향으로 타임아웃을 사용하면 교육이나 행동수정의 효과는 약해지면서 도리어 아이의 자존감을 떨어뜨리거나 불필요한 죄책감에 시달리게 할 수 있으며 부모나 선생님과의 관계만 악화시키게 됩니다.

"오늘 준수는 친구들이 그림 그리는데 자꾸 돌아다녔으니까 말을 안 듣는 나쁜 아이지요? 나쁜 아이는 어떻게 하는 거지요? 그래요. 벌을 서야 해요. 자, 생각하는 의자로 가야지."

"너 자꾸 동생 때릴래? 너는 벌을 받아 봐야 정신 차려. 저기 가서 서 있어. 동생도 제대로 못 데리고 놀아서 허구한 날 울려? 어휴~ 빨리 생각하는 자리에 가."

"너같이 말 안 듣는 애는 텔레비전을 볼 자격이 없어, 그러니까 생각하는 자리로 가야 해."

"너 같은 애는 이런 비싼 장난감 가지고 놀 자격이 없어. 그러니 저기 가서 반성이나 해."

'생각하는 자리'를 떠올릴 때면 이런 말들이 같이 연상될 정도로 '생각하는 자리'는 비인격적으로 잘못 사용되어 왔습니다.

친구들이나 동생은 이죽거리면서 자신을 비웃고 선생님이나 엄마가 전후 사정 이야기도 듣지 않고 나쁜 아이로 세차게 몰아갈 때, 아이의 감정은 어떨까요? 여러분이라면 어떨 것 같나요? 모욕감과 수치심이 들고 그것은 마음을 병들게 합니다. 결국은 늘 문제를 일으키는 아이, 나쁜 아이, 또는 반대로 늘 주눅 든 아이, 우울한 아이 등등으로 꼬리표를 달게 됩니다. 이처럼 타임아웃을 잘못 사용하면 사용하지 않는 것보다 더 나쁜 결과를 초래하기 십상입니다.

단순히 혼내 주기 위해서 인격적인 모멸감을 느끼게 하는 말이나 표정과 함께, 심지어는 등짝을 후려갈기면서 '생각하는 자리'로 쫓아낸다면 타임아웃의 효과를 볼 수 없습니다. 오히려 부작용만 더하게 됩니다.

이미 생각하는 자리 등으로 타임아웃에 실패해 본 경험이 있는 부모님들을 위해서 조언을 하겠습니다. 실패한 데에는 여러 가지 이유가 있겠습니다만 주로 일관성 없이 하다가 안 하다가 결국 시들해진 경우, 또 효과가 금세 나타나지 않아서 조급함에 그만둔 경우가 많습니다. 부모들의 인내심과 타임아웃에 대한 제대로 된 인식이 부족했던 탓이지요. 타임아웃을 할 때는 부모의 표정이나 말투, 아이를 다루는 손놀림 하나하나까지 감정을 빼고 이성적으로 행해야 합니다.

차분하고 일관성 있게 타임아웃을 지속적으로 반복해야 아이의 마음속에 "이런 행동을 하면 이런 결과를 얻게 되는구나."라는 생각이 자리 잡고 그 결과 자발적 순종이 이루어지게 됩니다.

5분(특별놀이)
⇨ 3초(하나 둘 셋 명령)
⇨ 3분(타임아웃)의 연관성

"하나 둘 셋"을 성공적으로 수행하려면 두 가지 전제가 충족되어야 합니다.

첫 번째 전제는 "하나 둘 셋" 이전에 '5분특별놀이'인 1단계를 진행하면서 아이가 자신이 사랑받는다는 것을 충분히 알고 느끼고 있어야 한다는 것입니다. 엄마 아빠는 내 편이라는 확신이 있기 때문에 부모의 명령에 거부감이 덜해지고 상처도 덜 받지요. 날 좋아하는 사람의 말은 곱게 들리지만 내가 싫어하는 사람의 말은 좋은 말도 곱게 들리지 않는 것과 동일하다고 생각하면 됩니다.

아이와 라포가 형성이 안 된 상태에서 성급히 타임아웃을 하면 역효과를 부를 수 있습니다. 어느 어머니는 TV에서 나온 방법처럼 아이가 말을 안 들을 때 다리 사이에 꽉 끼운 채 2시간 동안 있었더니 아이가 며칠 동안 몸살을 앓았다고 합니다. 엄마가 아이를 다리 사이에 났어도 아이가 '엄마는 나를 사랑한다'는 느낌이 있어야 되는데, 그런 바탕이 없었으니 당연히 몸살이 날 수밖에 없습니다. 전체적인 맥락을 알고 시행해야 하는데 부분적으로만 이해하고 따라 하니 부작용이 생긴 것이지요.

타임아웃은 부모와 아이 사이에 충분한 라포가 형성되어진 다음에 시행해야 하고, 그래야만 진짜 효과가 나타납니다.

두 번째 전제는 "하나 둘 셋" 이후에 오는 타임아웃이라는 상황에 대해 아이에게 미리 알려 주어야 한다는 것입니다. 그래야 아이가 스스로 생각하여 판단하고 부모 말에 순종할지 말지 결정을 내리는 과정 속에서 규율이 자리 잡게 됩니다.

"하나 둘 셋"에 불순종하면, 타임아웃을 할 것이라고 미리 알려 준 후에, 명령을 내립니다. 그리고 나서 셋을 다 세었는데도 아이가 순종하지 않으면 타임아웃 자리로 보낸다는 원칙을 반드시 지킵니다. 고치기로 마음먹은 행동에 대한 예고는 처음 한 번이면 됩니다. 아이의 마음에 우리 부모는 "하기로 마음먹으면 말로만 하는 것이 아니라 진짜 행동으로 옮기더라"는 생각이 확고하게 자리 잡으면 특별히 심리적으로 돌봐야 하는 아이가 아닌 이상 신기하다 싶을 정도로 행동이 변할 것입니다.

이 3초라는 시간은, 아이가 부모 말에 순종하여 좋은 관계를 유지하면서 편한 시간을 가질 것인가, 아니면 부모 말을 어기고 내가 하고 싶은 것을 밀어붙이다가 심심한 타임아웃 자리에 가서 유쾌하지 못한 시간을 보낼 것인가, 어떤 것을 선택할 것인지 생각하고 결정할 수 있도록 도와주는 시간입니다.

부모의 입장에서는 자신의 끓어오르는 화나 짜증 같은 부정적인 감정을 진정시킬 수 있도록 해 주는 시간이기도 합니다. 그래야지 아이가 불순종을 하더라도 감정을 빼고 이성적으로 행동할 수 있습니다.

아이가 좋은 결정을 내리는 데 밑받침이 되는 것은 부모의 일관된 행동입니다. 즉 불순종하면 우리 부모는 어김없이 타임아웃 자리로 보내더라는 것을 믿게 되어야 합니다. 어떤 부모님들은 마음이 약해서 제대로 시행을 못 하는 경우가 있습니다. "하나 둘 셋"을 끝까지 카운팅 못 하는 부모들이 그런 경우입니다. 둘의 반에서 유야무야되고 맙니다. 이런 부모님들은 아이의 버릇을 잘 잡기가 참으로 어렵습니다. 아이들은 이미 압니다. "우리 엄마아빠는 항상 저래." 이런 부모는 자신의 마음이 지나치게 약한 이유를 잘 분석해 볼 필요가 있습니다. 아이랑 부딪히는 것이 버거워서 피하는 것일 수도 있고, 우울한 경향이 있어서 무기력하다거나 귀찮아서 그럴 수도 있습니다. 또는 아이가 상처받을까 봐 지나치게 염려가 되어서 그럴 수도 있지요. 어쨌든 모두 건강하지 못한 마음이 부작용을 낳은 것입니다. 이런 부모의 아이들은 '셋을 다 센 이후까지라도 끝까지 고집 부리고 버티면, 우리 부모들은 결국은 내가 원하는 것을 하게 해 준다.'라는 생각이 반복된 체험을 통해 깊이 박혀 있습니다. 때문에 타임아웃을 아무리 강조해도 무섭지 않습니다. 그런 아이라도 부모가 단호하게 변하면 달라지게 됩니다. 부모 말을 안 듣고 내가 하고 싶은 대로 하겠다고 고집을 부려 봤자 결국 타임아웃 자리로 가서 심심하게 있어야 한다는 것을 반복해서 체험을 하게 되면, 부모의 하나 둘 셋 외치기를 결코 무시하지 못하게 됩니다.

마음이 약한 부모님 외에도, 본인의 기분에 따라 혼을 내고 싶으면 "한 둘 셋" 이렇게 번갯불에 콩 구워 먹듯이 후다닥 카운팅을 하는 부모들이 있는데 화가 나서 아이들에게 생각할 기회를 주고 싶지 않고 혼을 내고 싶은 마음이 더 강하기 때문이지요. 그러다가도 기분이 좋아서 봐주고 싶으면 "엄마가 하나 둘 셋 시작한다. 하아나 손가락 보이지 두우울 어 아직도 말 안 듣지 세에에엣." 이렇게 아주 천천히 카운트하는 부모님들도 있습니다. 또는 똑같은 상황인데도 어떤 날은 타임아웃 자리로 보내고 어떤 날은 보내지 않는 등 일관성이 없습니다. 역시 아무런 효과를 보지 못할 것입니다. 오히려 부모가 말을 안 듣는 아이로 만들어 가는 셈이 되지요.

아이들 중에는 하나 둘 셋이 끝나자마자 "할게요, 할게요."라고 말하며 매달리는 아이도 있습니다만, 이때에도 불순종한 것으로 간주하고 일단 타임아웃 자리로 보내야 합니다. 셋을 부르기 전에 순종해야 하는 원칙을 한결같이 일관성 있게 단호히 지켜야 합니다.

엄마: 현진아. 이리 와서 밥 먹어.

현진: 좀 있다 먹을 거야.

엄마: 우리끼리 맛있는 거 다 먹는다. 빨리 와!

현진: 싫어~

엄마: 지금 안 오면 밥 치워 버린다.

현진: ….

엄마: 야~ 빨리 안 와?

타임아웃을 실행하는 집에서는 이런 식의 실랑이를 볼 수 없습니다. 대신, "현진아, 빨리 와서 밥 먹어. 하나, 둘, 셋" 하고 명령하는 부모와 바로 와서 밥을 먹든지 타임아웃 자리로 가게 되는 아이만 볼 수 있습니다.

　타임아웃은 부적절한 행동 바로 직후에 이루어지기 때문에 행동 수정의 효과가 좋습니다. 아이들이 즉각적으로 행동에 대해 제지를 받기 때문입니다. 그러면서도 구구절절한 애걸, 또는 잔소리나 화를 내는 모습을 아이에게 보이지 않음으로써 부정적인 행동을 배우지 않게 된다는 장점이 있습니다.

제대로 된 타임아웃은 회초리보다 더 강력하다

회초리는 아이의 몸과 마음에 씻을 수 없는 상처를 남길 수 있으면서도 행동수정의 효과는 미미하고 일시적입니다. 어쩌면 아이는 공포와 억울함, 분노, 수치심에 휩싸여서 잘못을 뉘우치기보다는 부모에게 적개심을 갖게 되고 오히려 되갚을 기회를 노리고 있을지도 모릅니다. 자신은 부모를 화나게 하는 나쁜 아이라는 죄책감에 시다릴 수도 있겠지요. 회초리는 매일 사용할 수도 없고 또 그렇게 해서도 안 됩니다. 부모의 의도가 어떻든지 아이의 입장에서 보면 일종의 폭력이므로 사용하지 않는 것이 가장 좋고, 부득이하게 꼭 필요한 때에만 최소한으로 사용해야 합니다.

　그러나 타임아웃은 다릅니다. 타임아웃은 아이에게 언어적, 물리적인 폭력을 전혀 사용하지 않고 인격적으로 대하는 훈육방법입니다. 그래서 체벌과는 달리 아이가 나쁜 행동을 할 때 즉각적으로 하루에도 여러 번 사용할 수 있습니다. 그 반복되는 과정을 통해 아이가 스스로 해야 하는 것과 하지 않아야 하는 것들을 구별하고 지킬 수 있는 능력을 가지게 됩니다. 자신의 행동에 대해 책임을 지고 스스로 생각해 볼 수 있도록 돕습니다. 자신의 행동을 스스로 조절하는 훈련의 시간인 셈입니다.

　여기에서 오해하지 말아야 할 것이 있습니다. 우리가 이런 훈련을 통해 아이가 말을 잘 듣도록 교육시키는 것은 로봇처럼 무조건적으로 부모가 하는 말에 다 순종시키기 위해서가 아닙니다. 또 아이를 내가 원하는 대로 만들기 위함도 아닙니다. 가정이나 학교, 사회에서 규칙이나 규율을 잘 지키며 타인들과 함께 보편적인 가치 속에서 잘 적응하면서 살아가도록 돕기 위한 것입니다.

　이 정도면 부모가 타임아웃을 잘 배워서 잘 사용하는 것이 왜 중요한지 충분히 이해되었으리라 생각합니다.

처음으로 타임아웃을 시작했던 한 어머니의 사례를 보여 드리겠습니다. 이 분은 5분특별놀이를 2주 동안 열심히 해 왔습니다. 아이가 엄마를 그전보다 더 잘 따르고 좋아하는 것을 느끼게 되면서 타임아웃을 시도해 보기로 결심했습니다.

5살 형준이가 오늘도 밖에 나가자며 엄마를 조르고 있습니다. 엄마는 지금 저녁식사 준비를 해야 하고 형준이도 감기기운이 아직 남아 있는 상태라서 밖에 나가는 것이 여러 가지로 적절하지 않은 상황입니다. 엄마가 달래고 안아 줘도 형준이의 떼쓰기는 점점 강도가 심해집니다. 형준이는 이렇게 떼를 쓰다 보면 엄마가 마음이 약해진다는 것을 평소 경험을 통해 잘 알고 있습니다. 그래서 시간이 흐를수록 자신이 원하는 대로 엄마가 해 줄 확률이 높아지기 때문에 떼쓰기를 포기할 마음이 전혀 없습니다. 그동안 형준이 어머님은 아이가 원하는 것을 가능하면 다 해 주고 싶고, 또 떼를 쓰는 것을 감당할 자신도 없어서 결국 아이가 원하는 대로 하고 말았습니다. 그러나 이번에는 배운 대로 하겠다고 마음먹고 용기를 내어 시도를 해 봅니다.

아이와 눈높이를 맞추어서 버둥대는 아이의 어깨를 잡고 눈을 바라보면서 내용은 단호하지만 말투는 부드럽게 시작합니다.

"우리 형준이가 엄마에게 이렇게 떼를 잘 쓰지? 여태까지는 형준이 원하는 대로 다 해 줬는데 그게 안 좋은 방법이라네. 그래서 이제부터는 이렇게 떼를 쓸 때면 엄마가 여태까지와는 다른 방법으로 너에게 말할 거야. 잘 들어 봐. 엄마가 '형준아, 밖에 나가는 대신에 자석놀이를 해.'라고 말한 후에 바로 '하나 둘 셋'을 셀 거야. 셋을 다 세기 전까지 형준이가 떼쓰는 일을 멈추고 자석놀이를 한다면 엄마가 칭찬해 줄 거고, 그렇지 않고 계속 떼를 쓴다면 엄마가 우리 형준이를 저기 보이는 저 자리에 데려다 놓을 거야. 거기에서 얼마간 조용히 있어야 해."라고 말해 주었습니다. 그리고 모래시계를 보여 주면서 모래가 다 떨어질 때까지 서 있어야 한다고 알려 주었습니다. 물론 형준이가 타임아웃 자리에 있을 동안 모래시계를 볼 수 있는 자리에 두었지요.

"형준아, 자석놀이를 해. 하나, 둘, 셋." 숫자를 세면서도 잘 될까 걱정스러웠습니다. 그래도 엄마는 감정을 빼고 무심하게 하나 둘 셋을 외쳤습니다. 아이가 불순종하면 다른 어떤 말도 하지 않고, 아이를 안고 타임아웃 자리로 가야 한다는 것이 부담으로 느껴졌습니다. 특히 흥분해서도 안 되고 잔소리를 해서도 안 된다는데 습관적으로 그렇게 할까 봐 걱정도 되었습니다. 걱정했던 대로 형준이는 셋을 다 센 후에도 엄마를 조르고 있었습니다. 엄마는 형준이의 뒤편에서 팔로 가슴 주위를 안고 바짝 들고 타임아웃 자리로 갔습니다. 말을 하고 싶었지만 아무런 말도 하지 않았습니다. 말을 많이 할수록 엄마는 아이의 '말 안 듣기 시간 끌기' 전술에 말려들어 간다는 것을 기억했습니다.

형준이를 타임아웃 자리에 데려다 놓고, "3분이 다 되어서 엄마가 네게 올 때까지 이 자리에 있어야 한다."라고 말했습니다.

형준이는 엄마가 하는 행동이 낯설어서 그런지 약간 겁먹은 듯 보입니다. 엄마는 한순간 마음이 약해졌지만 다시 마음을 굳게 다졌습니다. 감정을 최대한으로 절제하고 3분 동안 뒤에서 지켜보았습니다. 다행히 형준이는 징징대긴 했지만 비교적 잘 견뎠습니다. 한참 뛰어노는 아이들에게 3분은 심심하게 서 있기에는 긴 시간이라는 생각이 들었습니다. 한쪽 마음에서는 다행이라는 생각이 들었습니다. 먼저 교육을 받았던 다른 엄마는 자기 아이가 3분을 못 참고 계속 자리를 벗어나서 30분이 넘게 타임아웃자리를 오갔다는 얘기를 했기 때문입니다. 물론 그 아이도 계속 반복하면서 나중에는 타임아웃 규율도 지키고 나쁜 버릇도 많이 줄었다고 들었습니다.

다음 순서를 생각하면서 형준이에게 다가갔습니다. "3분 동안 잘 있었구나. 이제 밖에 나가지 않고 자석놀이를 할 수 있지?"라고 물어보면서 형준이를 향해 손을 내밀었습니다. 배운 대로 단호하고 중립적인 목소리 톤을 유지하려고 노력했지만 목소리가 떨리는 것을 느꼈습니다.

형준이도 무엇인가 느낀 듯 엄마를 바라보고 있었습니다. 다행히 형준이는 "응"이라고 대답했습니다. 엄마는 울컥 눈물이 날 것 같았습니다. 짧은 순간 그동안 교육을 받고 열심히 실천하려고 했던 일들이 주마등처럼 스쳐지나갔습니다. 3분을 넘기고 순종해 준 형준이가 기특했습니다. 첫 관문을 무사히 넘겼다는 생각이 들었습니다.

"우리 형준이가 엄마 말을 들어줘서 고마워."라고 칭찬을 해 주고 자석놀이를 하게 해 주었습니다. 너무 감동적이어서 놀고 있는 형준이를 안아 주면서 "사랑해."라고 말했습니다. 형준이의 눈에 눈물이 반짝거렸습니다. 아마도 한편으로는 서럽고 한편으로는 안심이 된 마음이 눈물로 터져 나온 게 아닌가 싶었습니다.

대부분의 아이들은 형준이처럼 "네" 하고 처음 한두 번 안에 대답을 합니다. 그러나 간혹 그 이상 반항이나 저항을 지속한다면 전문가의 도움이 필요한 아이일 수도 있으니 세심한 관찰이 필요합니다.

만일 형준이가 "아니오"라고 대답을 했다면 그대로 타임아웃 자리에 두고 "다시 3분이 지날 때까지 여기에 있어야 한다"라고 말해 주고 3분이 지난 후, 다시 동일한 질문을 했을 때 "네"라는 대답을 할 때까지 같은 과정을 반복해야 했을 것입니다. 또 형준이가 타임아웃 자리로 가는 도중이나 또는 타임아웃 자리에 가서 3분이 지나기 전에 "시키는 대로 할게요."라고 사정한다 하더라도, 형준이 어머니는 이를 무시하고 타임아웃을 그대로 진행했어야 했겠지요.

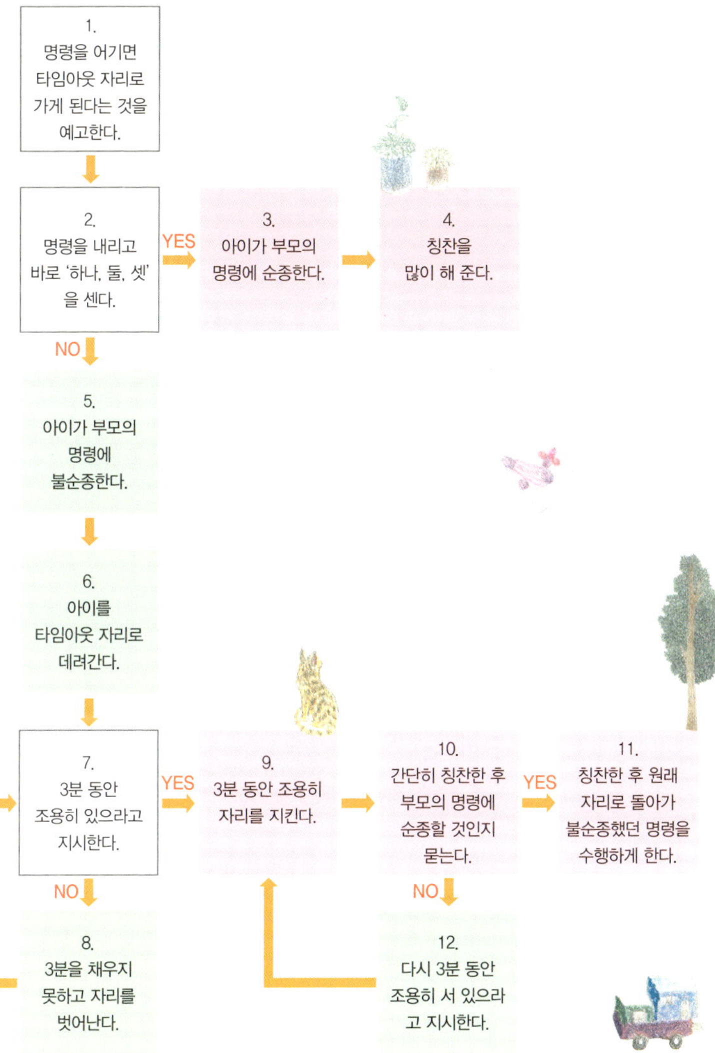

참조: 참고도서 3번 Parent—Child Interaction Therapy Integrity Checklists and Session Materials Version 2.10

타임아웃에 해당되는 아이들의 행동

타임아웃을 사용하기 전에 부모들이 아이들의 행동을 제대로 이해하는 것이 중요합니다.

아이들의 모든 행동을 타임아웃으로 해결할 수 있는 것은 아닙니다. 부모의 마음에 들지 않는 행동을 한다고 무차별적으로 타임아웃을 사용하면 자칫 상처를 줄 수도 있습니다. 특히 집에서 이미 '생각하는 자리' 등을 통해 타임아웃을 사용해 봤는데 실패를 경험한 부모님들은, 아래의 기본지식을 잘 보아 주시기 바랍니다.

① 아이들의 행동범주 3가지

하임 기너트 박사는 아이들의 행동을 3가지 영역으로 나누면서 부모가 어떻게 반응해야 할지 알려주고 있습니다.

초록 영역의 행동:
아이가 행동하기를 바라는 바람직한 행동들로서 자유롭게 허용하는 행동들입니다.

예) 책상 앞에 앉아서 숙제하는 것, 운동장에서 공을 차고 노는 것, 식탁에 앉아서 밥을 먹는 것, 약속을 지키는 것 등등

노랑 영역의 행동:
바람직하지는 않지만 부모가 어느 정도 인내해 주어야 하는 행동들로서 나이가 어려서 컨트롤할 수 없거나 아이 혼자서 해결할 수 없는 상황에서 나오는 행동이 해당됩니다.

예) 서너 살짜리 아이가 오랜 시간 어른들 모임에서 시끄럽게 떠들거나 왔다 갔다 하는 행동, 두 살짜리가 밥을 흘리면서 먹는 행동, 정체된 고속도로에서 소변을 보고 싶어 보채는 행동, 감기 때문에 코가 막혀서 징징대며 우는 행동 등등

빨강 영역의 행동:
절대로 용납할 수 없는 행동으로서 부모가 잘못된 행동에 대해 한계를 분명히 알려 주고 행동 수정이 가능하도록 일관성 있게 반응해야 하는 행동들입니다. 타임아웃은 이 영역의 행동에 사용되어집니다.

예) 남의 물건을 훔치는 행동, 폭력적이거나 공격적인 행동처럼 자신과 남에게 피해를 주는 행동, 불법적인 행동, 부모에게 욕을 하거나 때리는 행동처럼 인륜을 어기는 행동, 비도덕적이고 반사회적인 행동 등등

② 제지행동과 권장행동

토마스 W.펠런 박사는 『1·2·3매직』에서 아이들의 행동에는 부모가 '하지 말기를 바라는 행동(제지행동)'과 '하기를 바라는 행동(권장행동)'이 있다고 하면서 다음과 같이 설명하고 있습니다.

"제지행동은 버릇없이 굴기, 짜증내기, 입씨름하기, 칭얼거리기, 싸우기, 삐치기, 소리 지르기 등 아이들이 흔히 저지르는 사소하고 일상적인 골칫거리들을 말한다. (중략) 반면 권장행동은 정리하기, 숙제하기, 악기 연습하기, 아침 일찍 스스로 일어나기, 제시간에 잠자리에 들기, 밥 먹기 등 흔히 아이가 알아서 해 주었으면 하는 것들을 말한다."

그렇습니다. 이 두 가지 행동은 완전히 다른 행동이기 때문에 부모의 이해가 필요하고 또 대응방식도 달라져야 합니다. 제지행동은 이외에도 떼쓰기, 욕하기, 막무가내로 행동하기, 던지기, 구르기, 성질내기, 약 올리기 등등 아이들이 수도 없이 해 대는 행동들이 있습니다. 못 하게 하면 더 심해지는 경향이 있어서 부모들이 힘들어하는 행동들이지요. 이때 타임아웃이 매우 효과적입니다.

아이와 나쁜 행동을 유발하는 상황을 분리시켜서 그 행동을 멈출 수 있도록 하고 심리적으로도 진정시킬 수 있습니다, 이 방법은 재차 말하지만 부모가 시행했다가 귀찮아서 또는 바빠서 하지 않는 식으로 일관성 없이 실천하지만 않는다면 놀라우리만치 큰 효과를 볼 수 있습니다.

반면에 '권장행동'에 대해서는 아이들이 권장행동을 스스로 하고 싶은 마음이 들도록 분위기를 만들어 주는 것이 효과적입니다.

어쩌다 권장행동을 했을 때 찬스다 생각하고 칭찬을 많이 해 준다거나, 자연스럽게 권장행동을 할 수 있도록 도와줍니다. 만족스러운 결과를 행복하게 경험할 수 있도록 기회를 만들어 주는 것이지요. 때로는 권장행동에도 타임아웃을 사용하는 것이 효과적일 경우도 더러 있습니다. 방을 상습적으로 정리하지 않는 행동처럼 어떤 면에서는 제지행동일 수 있고 어떤 경우에는 권장행동(정리를 가끔 할 경우)으로 생각할 수도 있기 때문입니다. 상황에 맞춰서 대응

하는 지혜가 필요합니다. 이때 의도성이 있는지 없는지 따
져 보는 것도 좋습니다.

타임아웃의
지침

* 타임아웃 자리는 어떻게?

타임아웃 자리는 다른 곳과 구별된 장소여야 하고, 안전하고 심심해야 하며, 부모가 볼 수 있는 장소에 있어야 합니다. 최대한 밋밋하고 볼거리가 없는 벽을 향해 아이를 세웁니다.

간혹 아이들을 교육시킬 욕심에 영어, 한글 카드 등 교육용 포스터가 붙어 있는 벽 앞에 아이를 세우기도 하는데, 그것은 오히려 아이가 3분 동안 즐겁게 놀 수 있는 시간이 될 수 있기 때문에 도움이 안 됩니다.

볼거리가 없는 밋밋한
벽을 바라보게 세운다
벽에서 일정한
거리를 띄운다

부모가 아이를 지켜볼
수 있어야 한다

벽을 보지 않고 다른 쪽을 보게 한다면 동생이 노는 것이나 엄마가 부엌에서 일하는 것을 구경하거나 TV 시청 등을 할 수도 있습니다. 이럴 때는 심심하지 않을 뿐 아니라 가라앉혀야 할 부정적 감정이 증진될 수도 있습니다. 동생이 자신의 장난감을 가지고 노는 것을 본다면 짜증이 나고 이 자리를 빨리 벗어나서 동생을 혼내고 싶어지겠지요. 그런 행동은 타임아웃의 효과를 떨어뜨립니다.

심심하게 만드는 것, 지금 신나게 하던 것을 멈추고 심심하게 있어야 하는 것, 그것이 핵심입니다. 아이들은 어른이 생각하는 것 이상으로 심심한 것을 견디기 힘들어합니다. 부정적 감정을 불러일으키지 않으면서도 가장 효과적인 방법인 이유가 있습니다.

안전을 위해 벽과의 거리는 아이가 팔을 뻗었을 때 벽에 닿지 않을 정도이면 좋습니다. 신문을 펼쳐 놓았을 때의 크기 정도가 적당하며, 방석이나 보자기를 깔아도 좋지만, 시중에 파는 미끄럼 방지 매트 같은 것을 활용하는 것이 안전해서 가장 좋습니다. 손수건이나 보자기는 밖에서 타임아웃을 할 때 가방에 넣고 다니기 좋다는 장점이 있습니다.

의자에 앉히는 것보다는 벽을 보고 세워 두는 것을 더 추천합니다. 때로 의자는 화난 아이들의 분노를 표출하는 도구가 되어서 위험할 수도 있기 때문입니다. 실제로 아이가 작은 아동용 의자를 밀어서 다칠 뻔한 사례도 있었습니다. 아이가 어떤 상황을 만들어 낼지 모르니 아이의 뒷모습을 계속 관찰하는 것이 좋습니다.

* 타임아웃 자리를 대체할 수 있는 방법

초등학교 저학년의 경우, 이제 타임아웃 자리로 안고 가기에는 힘이 세어져서 엄마가 자신보다 힘이 없는 사람으로 인식되어 심리적으로 불리해질 수도 있습니다.

그래서 타임아웃 자리를 적용하기 힘든 좀 큰 아이들에게는, 타임아웃 자리에 보내는 대신 '특권제한'을 권면합니다. 특권제한이란 아이가 좋아하는 것을 하는 시간을 줄이거나 못 하게 제한을 주는 방법입니다. 예를 들면 하루에 오락을 한 시간 할 수 있었다면, 부모 말에 불순종할 때마다 10분을 깎는 식으로 일종의 놀이시간을 빼앗는 것입니다. 이럴 때 스티커를 사용하면 시각적인 효과도 확실히 줄 수 있어서 더 효과적입니다.

예를 들면, 매일 1시간씩 게임을 하는 아이가 있습니다. 1주일 표에 미리 스티커를 날짜별로 6장(10분당 1장)을 붙여 놓습니다. 그래서 한 번씩 불순종할 때마다 아이가 보는 앞에서 스티커를 한 개씩 떼어 냅니다. 스티커를 떼어 낼 때 아이들은, 어른들이 생각하는 것보다 훨씬 더 심한 박탈감을 느낍니다. 그래서 무척 아까워합니다. 떼어 낸 스티커를 들고 눈물을 글썽이는 아이도 있었습니다.

3번 명령을 어긴다면 3개를 떼어 내고 그날은 게임을 30분밖에 못 합니다. 6개를 다 떼어냈다면 아이는 그날 오락을 할 수 없게 되겠지요. 만일 6번 이상 불순종하여 더 이상 뗄 스티커가 없다면 다음 날의 스티커에서 떼어 냅니다. 그런 경우 아이의 좌절이 무척 클 수 있기 때문에, 떼어 낸 스티커와는 별도로 아이에게 다른 일로 보상을 해 주는 것이 좋습니다. 작은 일이라도 칭찬받을 만한 일을 한다면 보너스로 스티커를 한두 개 정도 붙여 주는 방법입니다. 아이의 성격이나 상황에 맞추어서 융통성 있게 나름 대로의 방법을 찾아가는 부모의 지혜가 필요합니다.

초등학교 4학년 아이의 사례입니다. 주말마다 4시간씩 게임을 했었는데 불순종할 때마다 스티커를 떼어 냈더니 첫 주말에 오락을 1시간밖에 할 수 없었습니다. 처음에는 울고불고 짜증을 내고 한 주간 내내 심술을 부렸습니다. 그래도 부모는 마음을 굳게 먹고 계속 지켜 나갔습니다. 그랬더니 아이가 조금씩 달라지기 시작했습니다. 심술이 줄어들고 부모 말을 듣는 횟수가 늘어난 것이지요. 이렇듯 처음 얼마간은 저항이 더 심해지기도 하지만 결국 저항은 줄어들게 됩니다.

왜 그럴까요? 아이가 처음에는 '설마 엄마가 주말에 정 말 게임 못 하게 하겠어?'라고 생각하고 있었는데 정말 단 호하게 1시간만 하게 한 후 게임기를 치워 버리니, '우리 부모님은 말만 남발하는 것이 아니라 실제로 행동으로 하 는구나.'를 실감하고 태도를 바꾸어 예전처럼 부모와 밀고 당김을 하지 않고 자발적으로 순종하게 되는 것입니다!

평소에 아이가 무엇을 좋아하고 무엇을 싫어하는지에

대해서 부모가 관심을 가지고 잘 파악하고 있으면 특권제한을 보다 효과적으로 적용할 수 있으며 다양한 방법으로 시도하는 데 도움이 됩니다.

* 아이가 저항한다면?

아이들은 타임아웃 자리에서 가만히 있지 않는 것이 일반적입니다. 징징거리며 울기도 하고 때로는 소리를 지르고 부모를 비난하기도 합니다. 이때 부모는 무조건 무시해야 합니다. 마치 옆에 아이가 없는 것처럼 행동해야 합니다. 들리지도 않고 보이지도 않는 것처럼, 돌벽 너머에 있는 사람처럼 아무렇지도 않게 행동하는 것이 중요합니다. 아이의 어떤 말에도 반응하지 않아야 하며 아이와 눈을 마주쳐서도 안 됩니다.

아이는 지금 부모가 자신이 원하는 것을 못 하게 해서 화가 났기 때문에 "엄마, 미워." "인제 엄마 말 더 안 들을 거야." "아빠한테 이를 거야." "엄마, 잘 할게. 이제 동생

안 때릴게." 같은 말을 가장 많이 합니다.

이런 말들은 모두 부모가 자신에게 관심을 가지고 반응하기를 기대하며 하는 말들입니다. 만일 여기에 반응하면 아이의 행동을 수정하는 일은 그만큼 늦어질 것입니다. 아이가 부모의 관심을 끌어내는 데 성공했고 자신이 말하는 것에 부모가 반응하니 다시 떼를 쓰거나 자신을 어필할 수 있는 기회를 얻어 내었기 때문입니다.

어떤 부모들은 그러는 아이가 귀여워서 또는 어이가 없어서 웃기도 하는데, 좋은 반응이 아닙니다. 그것을 본 순간 아이는 부모의 결심이 약화되었다는 것을 눈치채기 때문입니다. 부모가 반응하지 않아야 부모를 끌어들이려는 목적을 이룰 수가 없음을 깨닫고, 더 이상 관심을 끌려는 행동을 하지 않게 됩니다. 무시하기를 잘 할수록 아이가 타임아웃에 빨리 적응하고 행동수정도 효과적으로 이루어진다는 점을 잊지 마세요.

거부하는 아이를 타임아웃 자리로 데려갈 때는 안는 방

법이 중요합니다. 자칫하면 부모와 의도치 않은 몸싸움이 일어날 수도 있기 때문입니다. 안전한 방법은 아이의 뒤편에서 팔을 아이의 겨드랑이 아래로 넣어서 몸에 아이를 밀착시켜서 안고 데려가는 것입니다. 아이가 극렬하게 저항할 경우, 정면으로 아이의 눈을 바라보면서 팔을 두 손으로 강하게 잡고, 단호한 표정과 목소리로 "진정해."라고 말합니다. 이때에도 부모는 흥분해서는 안 됩니다. 최대한 감정을 자제해야 합니다. 그리고는 아이가 조용해질 때까지 차분하게 기다립니다.

아이와의 기 싸움에서 지지 않도록 합니다. 사실 부모는 기 싸움에서 유리합니다. 이미 산전수전 공중전을 다 겪은 베테랑 군인이지요. 그런데도 아이들에게 끌려다닙니다. 처음 시행할 때에는 저항이 심할 수도 있으나, 떼쓰는 것이 통하지 않는다는 것을 깨달으면 아이의 저항은 줄어들게 되고 점차 스스로 행동과 욕구의 조절을 하게 됩니다. 자연스럽게 자발적인 순종이 이루어지게 됩니다.

안전모를 쓰라는데 "차라리 자전거 안 탈거야."라며 문을 꽝 닫고 아이가 들어갔습니다. 그러면 엄마가 "어쩌지, 어쩌지." 맘 졸이면서 아이 방문을 똑똑 두드리며 "그럼 오늘만 모자 쓰지 말고 타."라고 합니다. 이렇게 마음 약해지지 말아야 합니다.

"장난감 안 사 줄 거야." 했는데 아이는 사 달라고 울며 소리 지르기 시작합니다. '이렇게 많은 사람들 있는 곳에서 내가 떼를 쓰면 엄마가 창피해서라도 장난감을 사 줄 거야.'라는 생각을 하고 있기 때문입니다.

그런데 엄마가 창피한 것 따윈 관심이 없다는 듯, 아이가 소리 지르며 울고 있는 것을 약간 거리를 두고 떨어져서 지켜보고만 있는다면? 아이가 울다가 옆을 봤는데 엄마가 없다, 그러면 눈물 뚝뚝 흘리면서 일어납니다. 그리고 아무 일 없다는 듯이 엄마한테 갑니다. 아이와의 기 싸움에서 지지 않았기 때문에 가능한 일입니다.

어린 아이한테 끌려다니는 엄마는 사춘기 때가 되어서도 계속 아이에게 끌려다닐 확률이 높습니다. 어쩌면 "우리 아이는 기질이 세서 어쩔 수 없어요."라고 말하기도 하겠지요. 그러나 그건 핑계일 뿐입니다. 아이가 어릴 적부터 부모로서의 권위를 잃어버린 거지요. 훈육도 자녀를 사랑하는 방법의 하나입니다. 잃어버린 권위를 회복해야 성공적인 훈육이 가능합니다. "하나, 둘, 셋"을 다 세어야지 결코 "둘의 반, 둘의 반에 반"까지만 세어서는 안 됩니다. "타임아웃 자리로 갈 거야."라고 했으면 반드시 그곳으로 보내야 합니다. 처음부터 잘하는 부모는 없습니다. 다만 노력할 뿐입니다.

타임아웃을 시행하는 시간에는 타임아웃이 우선이 되어야 합니다. 마침 타임아웃 자리로 보내려고 했는데, 전화가 왔다면 어떡해야 할까요? 전화통화로 수다를 10분 정도 한 후에 "타임아웃 가자."라고 한다면 그것은 교육적인 효과는 '제로'입니다. 오히려 마이너스입니다. 이럴 때는 "제가 나중에 전화하겠습니다."라고 하고 끊어야 합니다. 그리고 바로 타임아웃 자리에 앉혀야 합니다. 그렇게 할 때 아이도 부모의 단호함과 굳은 결심을 느끼고 스스로도 행동을 조절하고자 노력하게 됩니다. 친척이나 손님이 왔다고 타임아웃을 걸러서도 안 됩니다. 그때는 아이도 비인격적인 느낌을 받지 않고 손님에게도 실례가 안 되도록 정중하게 양해를 구하는 것이 좋습니다. "요즘 저희 가족이 좋은 부모 자녀 되기 훈련을 하고 있는 중이라서요. 잠깐만 아이를 저 자리에 있게 하겠습니다."라고 표현하면 좋겠지요.

▷ 셋까지 세고 타임아웃을 하는 동안 여전히 말을 많이 하면서 화를 내지는 않았습니까? 부모가 흥분한 모습을 보이면 아이를 훈육할 수 없습니다. "말 하지 않기! 감정 싣지 않기!" 기억하세요.

▷ 감정을 빼고 침착한 태도로 잘하고 있는데도 효과가 없다면 타임아웃 자리를 체크해 보세요. 아이에게 재미있는 숨겨진 요소가 있을 수도 있습니다.

▷ 매일 5분특별놀이를 Do Skill과 Do Not Skill을 지키면서 잘하고 있는지, 건성으로 시간을 때우고 있는 건 아닌지 체크하세요.

▷ 앞의 세 가지 문제가 아니라면 아이가 개인 상담을 필요로 하는 상태일 수도 있습니다. 전문가의 도움을 받아 아이 마음속 깊은 곳의 고민이나 상처를 보는 것이 좋습니다.

– 특권제한표

월 5/13	화 5/14	수 5/15	목 5/16	금 5/17	토 5/18	일 5/19	비고
							목요일에는 어머 님이 오셨느데도 양해를 구하고 라임아웃을 강 행했음

우리 아이
나쁜 버릇 고치기
5·3·3의 기적

6장

질문 있어요

온유한 부모는 그 자체로
억만장자의 유산보다 더 값진 유산입니다.

5분 특별놀이에 대한 질문

① 특별놀이를 할 동안 다른 아이가 샘을 내면서 방해를
할 경우 어떻게 해야 할까요?

이럴 때는 놀이에 참석하지 않는 부모가 아이를 데리고
놀게 하든지, 아니면 다른 재미있는 일을 할 수 있도록 도
와주어야 합니다. "언니랑 다 놀고 나면 그 다음엔 너와 놀
아 줄 거니까 5분 동안만 혼자 놀면서 기다려."라고 말합
니다. 그리고 약속은 반드시 지켜서 신뢰를 쌓아야 아이가
부모를 믿고 부모가 하는 말을 잘 들을 것입니다.

② 특별놀이 5분을 다 놀았는데도 계속 놀기를 원하면 어떻게 하나요?

특별놀이는 다른 놀이와 구별해 줘야 합니다. 특별놀이는 라포 형성을 위해 긍정적인 Do Skill만을 사용하는 특별한 시간입니다.

처음부터 이건 특별한 놀이 시간이니까 5분만 논다고 말해 주면 좋습니다. 특별놀이는 끝났지만 혼자서는 계속 놀 수 있다고 말해 주고, 보통 때 함께 노는 것과 구별하기 위해서는 약간의 시차를 두고 노는 것이 좋습니다^(특별놀이는 끝났다고 알려 주고 잠깐 부엌에 다녀오거나 또는 자리를 떴다가 돌아와서 잠깐씩 노는 것도 좋은 방법입니다).

5분은 평소 부모들이 자주 사용하지 않던 상호작용기술만을 사용해서 아이와 놀기에 적당한 시간입니다. Do Skill과 Do Not Skill을 의식적으로 사용하면서 5분 동안 놀아 주는 것이 습관이 되기 전에는 어려울 수도 있습니다. 아이가 더 놀아 달라고 조르면 들어주는 경우도 있습니다만, 대부분의 경우 시간이 지나면 긴장감이 풀어지면서 예전의 명령하고 제한하려는 습관이 자동적으로 나오

기 시작하기 때문에 아이가 불편한 상황을 다시 경험하게
되어 특별놀이의 효과가 반감하게 됩니다. 그러나 부모가
배운 대로 기술을 지속적으로 사용할 수 있다면 당연히 더
놀아 주어도 좋습니다.

**③ 특별놀이를 할 때 '따라 하기'를 하니까 아이가 따라
하지 말라고 하면서 싫어합니다.**

아이가 스트레스가 많은 경우에 그럴 수도 있습니다. 평
소에 부모에게 불만이 있거나 형제나 유치원 친구 등 다른
사람들과의 관계 등으로 인해 마음속에 분노와 짜증이 꽉
차 있는 거지요.

또는 개성이 강하거나, 타고난 기질이 까다로운 아이들
인 경우에도 간혹 그렇습니다. 그럴 때에는, "우리 아들이
엄마가 따라 하는 게 싫구나."라고 아이 마음을 공감해 주
면 됩니다. 이유를 물어봐도 되지만, 보통 아이들은 어른
이 이해할 수 있도록 자신의 내심을 표현하지 못하는 경우
가 많습니다. 자신의 마음을 본인도 잘 모르겠고 설명하기
도 어려운 거지요. 지속적으로 공감해 주고 수용, 지지해
주다 보면 어느새 아이가 점점 마음을 열고 엄마에게 자신

을 표현하게 됩니다. 그럼에도 불구하고 지나치다 싶을 정도로 거부한다면, 전문가의 도움이 필요한 아이일 수도 있습니다.

④ 5분특별놀이는 아이가 몇 살이 될 때까지 할 수 있는 건가요?

부모와 노는 것을 시시해할 때까지 합니다. 개인차가 있긴 하지만 보통 초등학교 1~2학년 정도까지로 봅니다. 그 이후에는 특별놀이 시간에 사용하는 Do Skill을 응용해서 실생활에서 자주 사용하면 됩니다. 예를 들어서 줄넘기를 하고 있는 아이에게 "우리 민우가 줄넘기를 정말 열심히 하고 있구나. 끈기가 대단한데."(구체적 칭찬하기), "우리 민우가 줄넘기를 하나, 둘, 셋, 와 열 번이나 연달아 하네."(행동중계하기) 등등 이처럼 하면 아이는 엄마가 여전히 자신의 행동을 수용해 주고 인정하고 좋아한다는 생각을 유지하며 커 가게 됩니다. 특별놀이의 효과를 그대로 보게 되는 것이지요.

⑤ 구체적인 칭찬을 하면 거부하거나 싫어하는 아이에

게는 다른 어떤 방법이 있나요?

평소 칭찬을 많이 듣지 못한 아이들이나, 쑥스러움이 많은 아이들에게서 볼 수 있는 현상입니다. 언어로 구체적인 칭찬을 했을 때 싫어하는 표정을 보이는 아이에게는 엄지손가락을 세워 '최고'라는 표시로 비언어적인 소통을 대신 해 주어도 괜찮습니다. 부모가 기뻐하고 행복한 표정을 보여 주는 것으로도 효과가 있습니다.

⑥ 특별놀이 때 계속 행동중계를 하고 말을 해 주면 "엄마 너무 시끄러워."라고 말할 때가 있는데 그럴 땐 어떻게 하나요?

내향성향이 강한 아이들은 옆에서 시끄럽게 하거나 많은 사람들 사이에 있으면 에너지를 빼앗겨서 힘들어하고 쉽게 지칩니다. 그럴 경우 "우리 연우가 엄마가 자꾸 말하는 게 싫은가 보구나. 알았어. 엄마가 조금만 말할게."라고 하면서 아이의 마음이 편안할 정도로 적당히 말을 줄이면 됩니다. 몇 번 하면 금방 아이가 좋아하는 정도를 찾아낼 수 있으니 시도해 보십시오.

⑦ Do Skill을 일상생활에서 사용해도 되는지요?

Do Skill은 일상생활에서도 많이 사용하는 것이 좋습니다. 아이에게 긍정적인 영향을 주는 좋은 상호작용 기술이기 때문입니다. Do Not Skill은 특별놀이시간에서는 절대로 사용해서는 안 되지만, 명령이나 질문의 경우 일상생활에서는 당연히 사용해야 아이를 양육할 수 있습니다. 다만 좋은 명령 내리기 규칙을 따라서 하는 것이 좋겠지요. 그러나 비난, 비아냥거리기와 같은 부정적인 말은 일상생활에서도 하지 않는 것이 좋습니다.

⑧ 나이 차이가 많이 나는 자매를 두고 있습니다. 동생이 언니를 잘 따르는 편인데 큰아이가 엄마 대신 5분특별놀이를 놀게 해도 되나요?

특별놀이는 아이와 시간을 함께 보내는 그저 단순한 놀이가 아닙니다. 엄마와 아이가 끈끈한 유대관계를 갖기 위해 긍정적인 상호작용기술이라는 특별한 놀이방법을 가지고 아이에게 반응해 주면서 노는 시간입니다. 그 과정에서 형성된 부모와 자녀의 신뢰감과 친밀감으로 인해 훈육으로까지 연결될 수 있는 무척 중요한 시간입니다. 그러므로 언니가 대신 놀아 줄 수 없습니다. 아이를 양육하는 책임이 있는 사람이 놀아 주어야 합니다. 부모가 주 양육자가 아니라 조부모가 주 양육자라면 조부모가 하셔도 됩니다.

⑨ 워킹맘이라서 매일 5분씩 아이와 놀아주는 게 쉽지 않습니다. 다른 대안이 있을까요?

놀아 주려고 하니까 더 힘들지도 모릅니다. "아이와 놀아 주려고 하지 말고 아이와 함께 놀아라."라고 말하고 싶습니다. 의무감이나 책임감 때문에 놀아 주지 말고, 아이와 함께 노는 그 자체를 부모도 즐기면 좋겠습니다. 매일 5분씩 노는 것이 어렵다면 일주일에 최소한 3~4번이라도 특별놀이를 하는 것이 좋습니다. 아버지와 5분특별놀이를 번갈아 가며 해 주시는 것도 대안 중 하나입니다. 원래는 아버지와 어머니가 각각 5분씩 해 주는 것이 가장 좋은 방법입니다. 단, 아버지도 특별놀이에 대해 배우고 긍정적인 상호작용기술로 놀아야 한다는 것이 전제입니다. 어떤 워킹맘은 시간을 아끼느라 집안일을 하면서 아이와 놀면 안 되냐고 질문하는데, 특별놀이는 아이에게 집중해서 노는 시간이기 때문에 다른 일을 하면서 동시에 아이와 노는 것은 안 됩니다. 콩나물을 다듬으면서 옆에 있는 아이와 논다면 엄마의 관심의 절반은 콩나물에게 가 있는 것이니까요. 이런 상태에서 행동 중계하기, 구체적인 칭찬하기, 따라 하기 등 Do Skill 들을 제대로 할 수 있을까요? 하루에 딱 5분입니다. 제 생각에 시간이 없다고 말씀하시는 분들은, 5분이라는 물리적인 시간의 부족보다는 심리적인 여유가 없는 경우가 아닌가 생각됩니다. 직장 일, 육아, 가사에 지치고 힘든 것은 사실이고 저 또한 그렇게 살아왔기 때문에 백번 공감합니다. 그러나 아이는 금방 자라고 기회는 지금입니다. 나중에 후회해 봤자 돌이킬 수 없는 날들이 흘러가고 있습니다. 조금만 마음에 여유를 내어서 아이를 위해 시간을 내 보시기를 권합니다. 매일 아이들과 이렇게 보내는 5분은 쌓여서 여러분의 자녀에게는 정말 상상하기 어려울 정도로 큰 유산이 될 것입니다.

타임아웃에 대한 질문

① 타임아웃으로 나쁜 버릇이나 행동을 고치는 원리가 궁금합니다.

정확하게 말하자면 타임아웃 자체가 무서워서 아이들의 행동이 수정되는 것이라기보다는 타임아웃이 반복되면서 아이들의 마음속에 규칙이 내면화되는 것입니다. '내가 어떤 행동을 하게 되면 그 결과로 어떤 대가를 치르게 되더라'라는 것이 마음속에 확고하게 자리 잡히게 될 때 저절로 '이런 행동은 안 해야 되는 거구나.' 하고 생각되어 결과적으로 스스로 자신의 행동을 조절하게 되는 겁니다. 어떤 행동에는 상이 따르고 어떤 행동에는 벌이 따르는 것이 항상 동일하게 적용될 때 규칙의 내면화가 잘 이루어집니다. 그래서 부모나 교사의 일관성 있는 양육 태도는 그 중요성을 아무리 강조해도 지나치지 않습니다.

② 명령을 내린 후에 셋까지 세는 이유는 무엇인가요?

셋까지 세는 이유는 아이가 부모의 말을 생각하면서 그 말을 따를 것인지, 따르면 그 결과가 어떻게 되는지, 따르지 않으면 또 어떻게 되는지 추측을 하고 스스로 행동을 결정할 '기회'를 주는 것입니다.

③ 하나 둘 셋을 세면 아이가 따라 해요. 때로는 옆에서 보고 있던 동생이 하나 둘 셋을 따라 하기도 하는데 어떻게 해야 하나요?

초반에 흔히 일어나는 일입니다. 이럴 때 부모들은 귀엽기도 하고 어이가 없기도 해서 웃음이 나올 수도 있고, 당황하거나 화가 나기도 합니다. 약 올라하는 부모도 있습니다. 그러나 페이스를 잃지 말고 침착하게 반응합니다. 숫자를 세고 명령을 내리는 것은 부모만이 할 수 있는 권리입니다. 아이가 따라 하거나 버릇없이 굴 때는 즉각적으로 무시하고, 계속해서 다음 수를 세면서 절차대로 진행합니다. 부모가 그 행동에 대해 나무라거나 언급하게 되면 아이들의 말 안 듣는 지연 전략에 말려들게 됩니다. 동생이 하나 둘 셋을 따라 하더라도 동일한 원리로 완전히 무시하면 됩니다.

④ 조부모와 함께 사는 대가족 집안입니다. 아이에게 타임아웃을 하려고 하면 할머니에게로 달려갑니다. 그러면 할머니는 "그러지 않아도 잘 큰다."고 말하고, 아이는 할머니 등 뒤에 붙어서 앞으로 나올 생각을 하지 않습니다. 어떻게 하면 좋을까요?

가족이 많은 집에서 흔히 하는 질문입니다. 특히 할아버지 할머니와 함께 사는 어머니들이 고민스러워하는 부분이지요. 타임아웃의 성공 여부가 일관성에 달려 있다고 해도 과언이 아닙니다. 가족 모두가 일관성 있게 반응하는 것은 무척 중요합니다. 내 아이를 잘 키우는 일이라면 반드시 하겠다는 굳은 각오로 가족들을 설득해야 합니다. 부모를 설득할 때 대화하는 방법을 잘 몰라서 일을 그르치는 경우를 간혹 봅니다. 이미 배웠듯이 상대방의 마음을 읽어 주고 공감해 주는 것은 마음의 빗장을 여는 중요한 열쇠입니다. 먼저 그분들이 손자를 얼마나 사랑하고 있는지 잘 알고 있으며 조부모의 육아법에 대해서도 좋은 점이 있다는 것을 표현하세요. 그런 다음에, 아이의 어떤 행동이 없어지기를 원하는지 왜 없어져야 하는지에 대해 구체적으로 설명을 하면서 타임아웃에 대해 알려드리면 됩니다.

⑤ 때로는 규칙을 느슨하게 적용해도 괜찮을까요?

부모가 판단하기에 아이들에게 규칙이 내재화되어서 이제는 부모가 시키기도 전에 자발적으로 일부 부적절한 행동을 멈추는 단계가 된다면 가끔은 그냥 지나쳐도 괜찮습니다. 좀 더 시간이 지나면 아이들은 부모가 항상 감시하거나 지시하지 않아도 스스로 행동을 자제할 수 있게 됩니다.

⑥ 타임아웃을 자주 쓰면 주눅 들고 눈치 보는 아이가 되지 않을까요?

아이들의 자존감을 낮추는 것은 부모와의 갈등상황에서 부모가 아이를 비난하거나 소리 지르고 혼내고 때릴 때입니다. 제대로 된 타임아웃은 아이를 존중하는 인격적인 방법이기 때문에 상처를 덜 받습니다. 오히려 규칙 지키기가 자연스럽게 내면화되면서 갈등의 요소가 줄어들게 됩니다. 타임아웃과 함께 Do Skill, Do Not Skill을 사용하는 5분특별놀이가 병행된다면 예의 바르고 구김살 없는 아이가 될 것입니다.

⑦ 공공장소에서의 타임아웃도 가능한가요?

충분히 가능하고 꼭 필요한 과정이기도 합니다. 실제로 성공한 경우가 많습니다. 타임아웃 자리(손수건 등)를 현관을 나서기 전에 부모의 가방에 넣고 미리 보여 줍니다. "이 자리 엄마 가방에 넣어 간다."라고 부드럽게 평소 어투로 말합니다. 경직되거나 분위기를 무섭게 할 필요가 없습니다. 이성적으로 아주 단순하게 말해도 아이는 이미 마음속에 부담을 가지게 됩니다. 그것만 해도 아이들이 행동수정을 할 마음의 준비를 시키는 것입니다. 엄마가 과연 사람들이 많은 곳에서 창피할 텐데 진짜 타임아웃을 집에서 하는 것처럼 할까 의심하기도 하고 확인해 보고 싶기도 하겠지만, 어쨌든 이미 자리를 가방에 넣는다는 그 자체만으로도 아이에게 주의를 줄 수 있으니 타임아웃의 효과를 보기 시작한 셈입니다.

⑧ 타임아웃을 할 때 아이가 "엄마 10까지 세면 안 돼?"라고 말한다면 어떻게 해야 할까요?

이것이 바로 아이가 엄마를 이기려고 시도하는 겁니다. 나중에는 "엄마 하나, 둘, 셋 하지 말고 원, 투, 쓰리로 하면 안 될까?"라면서 장난식으로 엄마를 계속 조종하려 할 수도 있습니다. 이럴 때는 단호하게 "10까지 세는 건 너무 길어. 3이면 충분해."라고 하면 됩니다. 이래야 권위 있는 엄마가 될 수 있습니다. 권위 없는 엄마는 아이에게 끌려 다니게 됩니다. 권위적인 부모는 좋지 않지만 권위가 있는 부모는 아이를 잘 양육합니다. 하나, 둘, 셋 하는 이유는 아이에게 생각하는 시간을 주기 위해서입니다. 이 3초는 순종할 것인가 말 것인가를 생각하기에 충분한 시간입니다.

⑨ 아이가 타임아웃 자리에서 벗어나지는 않는데 징징대거나 욕과 같은 나쁜 말을 하면 어떻게 해야 좋을까요?

아이가 타임아웃 자리를 박차고 나가지 않았으면 그냥

놔둡니다. 자리를 이탈하지 않고 그 자리 안에서 징징댄다거나 나쁜 말을 하더라도 무시하면 됩니다. 지금 아이는 부모의 관심을 끌어들이는 게 목적입니다. 그러려면 부모가 싫어하는 것을 하는 게 효과적이라고 생각하는 것이지요. 이때 부모가 가서 야단을 치는 등 반응을 보이면 아이의 술수에 말려들게 됩니다. 철저히 무시하면 그런 행동이 서서히 줄어듭니다.

⑩ 타임아웃을 주는 게 아이에게 상처가 되지 않을까요?

자녀에게 상처를 전혀 주지 않고 양육하는 일은 어렵습니다. 타임아웃도 버릇을 고치는 일이기 때문에 아이에게는 결코 유쾌한 시간은 아닙니다. 그러나 이미 특별놀이시간을 통해서 부모와 신뢰 관계를 쌓았고 또 지속적으로 쌓아 가고 있기 때문에, 아이는 심한 상처를 받지 않습니다. 타임아웃을 하는 날에도 5분특별놀이를 통해서 부모가 한결같이 아이를 수용하고 지지하며 사랑을 계속 표현하고 있으니까요. 나쁜 버릇에 한해서만 단호하고 엄격하다는 것을 체험적으로 알게 됩니다. 비인격적으로 타임아웃을 사용하지 않으면 상처에 대한 걱정은 안 하셔도 됩니다.

⑪ 아이가 타임아웃 도중에 벽에다 머리를 부딪치거나 주먹으로 벽을 때릴 때에도 계속해야 하나요?

아이가 벽을 치곤 하는 위험한 상황에서는 일단 멈추어야 합니다. 그래서 타임아웃 자리는 팔을 뻗쳤을 때 벽에 닿지 않을 정도의 위치에 만듭니다. 이럴 경우 안전이 확보된 상태에서 타임아웃을 계속할 수 있습니다. 시간은 다시 3분을 카운트합니다. 한번 벽을 치는 모습을 보였다면 다음 타임아웃을 위해 미리 자리를 옮겨 놓는 것이 좋습니다.

⑫ 타임아웃은 몇 살까지 가능한가요?

엄마가 타임아웃을 지시했는데 그 자리에 안 가겠다고 하면서 엄마에게 대들고 울고불고 저항할 경우, 이럴 때 엄마가 육체적으로 이 아이를 제압하고 안고 가서 자리에 세우는 것이 가능한 경우는 8살 정도까지일 겁니다. 그 이상 몸이 크면, 엄마가 안으려고 해도 몸을 버둥거리고, 엄마보다 힘이 셀 수도 있기 때문에 강제로 하는 것이 불가능해질 수도 있습니다. 그러니 8살 이후는 이미 설명한 '특권제한'을 사용하는 것이 좋습니다. 중·고등학교 아이들에게도 특권제한을 활용할 수 있습니다.

⑬ 타임아웃 시간이 꼭 3분이어야 하나요?

일반적으로 심각한 문제가 없는 보통 아이들에겐 한 살당 1분 정도면 적절한 지침으로 봅니다. 그러나 자녀의 상태에 따라서 고려해야 할 수 있습니다. 지나치게 산만하다거나 고집이 센 아이라면 오히려 시간을 길게 잡았다가 실패를 거듭할 수도 있기 때문입니다. 얼마간 시행해 보면서 잘 관찰해서 아이에게 맞는 시간으로 조절하면 됩니다. 다만 시간을 이랬다저랬다 자꾸 변경하는 것은 좋지 않습니다.

⑭ 아이가 3분의 시간 개념이 없어서 자꾸 시간이 얼마나 남았냐고 물어봅니다.

아이들이 3분이라는 시간의 개념이 없다면 모래시계를 사용하는 것을 추천합니다. 모래시계를 3분에 맞추어 놓고 모래가 떨어지는 것을 볼 수 있도록 아이의 시선이 닿는 곳에 둡니다. 부모 핸드폰의 스톱워치 기능을 사용하는 방법도 있습니다. 이때에는 2분 30초 정도에 벨을 울리게 해서 아이에게 타임아웃 상황이 끝나가고 있음을 알게 해 주는 것도 좋습니다. 얼마 남지 않았다는 생각에 끝까지 인내할 수 있는 힘이 생길 거니까요.

⑮ 개선시키고 싶은 아이의 행동이 너무 많은데 모두 다 타임아웃을 시행하다 보니까 아이가 너무 자주 타임아웃 자리에 가 있는 것 같은데 괜찮은가요?

개선시키고자 하는 행동이 많다고 해서 다 타임아웃을 시행한다면 아이들은 어쩌면 하루 종일 타임아웃 자리에 있게 될지도 모릅니다. 가장 심하고 급한 행동부터 시작해서 순위를 정해 서서히 늘려 가는 방법이 좋습니다. 예를 들면 동생을 자주 괴롭히는 행동을 개선 1순위로 정했다면 아이가 타임아웃에 익숙해질 때까지 1~2주 정도는 그 1순위 행동에 대해서만 타임아웃을 합니다. 그러다 타임아웃 자리에 가는 횟수가 조금 줄어들게 되면 2순위행동을 정하여 그 행동도 타임아웃 규칙에 포함시킵니다. 그러면 현재 아이는 2가지 정도의 행동을 타임아웃하고 있는 거지요. 아이에 따라서 다르기는 하지만 일반적으로 보통 2~3개 정도를 동시에 하는 것이 무난합니다.

⑯ 타임아웃을 시작하면서 5분특별놀이 횟수를 조금씩 줄여도 되나요?

타임아웃이 시작된 이후에도 5분특별놀이는 그 전과 동

일하게 그대로 진행해야 합니다. 특별놀이를 통해 만들어진 라포 덕분에 아이는 부모님이 나를 사랑하는 마음은 변함이 없다고 생각합니다. 아이 입장에서 보면 타임아웃이 그렇게 유쾌한 게 아닙니다. 때로는 섭섭하기도 하고 억울하기도 합니다. 그럴 때일수록 부모님의 따뜻한 사랑이 그리워지지요. 그래서 타임아웃을 시작했다면 더 열심히 더 즐겁게 아이와 특별놀이를 해주어야 합니다. 타임아웃으로 섭섭해진 마음을 풀 수 있으니까요.

"내가 나쁜 행동을 해서 타임아웃 자리를 갔는데도 부모님은 여전히 나를 사랑하는구나."라는 생각이 들 때 아이들은 자존감이 높으면서도 안정적으로 자라날 수 있습니다.

⑰ 타임아웃 자리 대신에 아이를 목욕탕이나 베란다에 가두어도 괜찮을까요?

좋지 않은 방법입니다. 아이가 목욕탕에서 뜨거운 물을 틀 수도 있고 샤워기를 건드려서 다칠 수도 있습니다. 베란다도 위험하기는 마찬가지입니다. 부모들이 볼 수 없는 공간에 아이들만 두는 것은 피해야 합니다. 목욕탕에 넣고 문을 닫고 심지어는 불을 꺼 버리는 부모도 있는데, 그때 아이가 느끼는 공포심은 무척 큽니다. 버림받은 느낌, 거절당한 느낌, 수치심 등을 유발할 수 있습니다.

⑱ 긍정적인 말로 명령을 내린다는 것이 잘 되지 않습니다. 좋은 방법이 없을까요?

습관이 되지 않아 처음에는 쉽지 않습니다. 반복해서 연습하는 것이 유일한 답입니다. 아이들만 훈련이 필요한 것이 아니라 부모들도 훈련이 필요합니다. 멈춰야 하는 아이들의 행동이 눈앞에 보이면, 잠시 멈추고 '내가 지금 원하는 것'이 무엇인지 생각해 봅니다. 그런 다음 원하는 행동을 아이에게 말해 주면 됩니다. 예를 들어 아이가 뛰어다닌다면, 얌전하게 앉아 있기를 원하는지 자기 방으로 들어가기를 원하는지 부모가 원하는 것을 생각해 보고 "얌전히 앉아서 놀아." 또는 "네 방에 들어가서 놀아."라고 구체적으로 대안을 제시해 주면 됩니다.

| 참고 도서 |

1. 이유니(2013). 『부모-아동 상호작용치료』. 서울: 학지사

2. Cheryl Bodiford McNeil & Toni L. Hembree-Kigin.(2010). 『Parent-Child Interaction Therapy 2nd Edition』. New York: Springer

3. Sheila Eyberg et al. Eunnie R. Rhee et al. 역(2010) 『Parent-Child Interaction Therapy Integrity Checklists and Session Materials Version 2.10』. Seoul: Torch Trinity Christian Counseling Center

4. 토머스 w.펠런(2011) 『버릇 좋은 아이로 키우는 123매직』. 서울: 아침나무

5. Pine, F.(1994). 『some Impressions Regarding Conflict, Defect, and Deficit. Psychoanal』. St. Cild, 49:222-240.

6. 존 가트맨. 남은영 역(2007). 『내 아이를 위한 사랑의 기술 감정 코치』. 한국경제신문.

7, 노경선(2007). 『아이를 잘 키운다는 것』. 서울: 예담.

8. 오은영(2016). 『못참는 아이 욱하는 부모』. 서울: KOREA.COM

9. 베티체이스. 주순희 역(1992). 『인격적인 사랑 효과적인 훈육』. 서울: 도서출판 두란노

화내지 않고 혼내지 않고

우리 아이 나쁜 버릇 고치기
5·3·3의 기적

초판 1쇄 발행 2019년 3월 1일

지은이	장성욱
발행인	권선복
편 집	오동희
삽 화	김진성
디자인	김소영
전자책	서보미
발행처	도서출판 행복에너지
출판등록	제315-2011-000035호
주 소	(157-010) 서울특별시 강서구 화곡로 232
전 화	0505-613-6133
팩 스	0303-0799-1560
홈페이지	www.happybook.or.kr
이메일	ksbdata@daum.net

값 15,000원

ISBN 979-11-5602-699-0 (13590)

도서출판 행복에너지는 독자 여러분의 아이디어와 원고 투고를 기다립니다. 책으로 만들기를 원하는 콘텐츠가 있으신 분은 이메일이나 홈페이지를 통해 간단한 기획서와 기획 의도, 연락처 등을 보내주십시오. 행복에너지의 문은 언제나 활짝 열려 있습니다.